현직 초등학교 선생님
8명이 직접 고른

4세~13세

보드게임
베스트
56

초등
교과연계
게임 수록!

현직 초등학교 선생님 8명이 직접 고른

4세~13세
보드게임
베스트
56

놀이샘 8인 지음
(현직 초등학교 교사 보드게임 모임)

센시오

두뇌 쑥쑥, 재미 쏙쏙!
모두가 즐거운 보드게임의 세계로
당신을 초대합니다

현재 보드게임 시장은 비약적으로 성장 중입니다. 코엑스(COEX), 세텍 (SETEC) 등과 같은 대형 전시장에서는 매년 보드게임 페스타가 열리고 다양한 분야에서 수많은 보드게임들이 새롭게 출시되고 있습니다. 구성품들이 매력적인 게임, 사고력을 키우는 전략 게임, 가볍게 웃고 즐길 수 있는 온 가족 게임, 추리력을 키우는 방탈출 게임 등 다양한 장르의 잘 만들어진 게임들이 저마다 인기를 얻고 있습니다.

학교에서 아이들을 가르치거나 쉬는 시간에 친구들과 함께 노는 아이들을 보면서 어린 시절을 떠올리곤 합니다. 그중 즐거웠던 기억들은 대부분 가족 혹은 친구와 함께 놀았던 시간들입니다. 시대가 변해도 놀이가 주는 즐거움은 변하지 않을 겁니다. 호모 루덴스, 즉 놀이하는 인간이라는 개념까지 만들어질 정도이니 말입니다.

"아이가 하루 종일 방에서 게임만 해요."

하지만 많은 학부모와 상담을 하다 보면 아이들을 걱정하는 말들을 꺼냅니다. 공부는 뒷전이고 게임을 하겠다는 아이와 부모 사이에 끊임없는 줄다리기가 늘 이어지는 것이 현실이죠. 시간 약속을 정하고 잘 지키는 아이라면 괜찮습니다. 평소 약속을 잘 지키지 않거나 다른 친구는 엄마가 놀게 해주는데 자신은 왜 안 되냐고 말하는 아이라면 게임에 관해 부모와의 갈등이 깊어질 것입니다. 중독성이 강한 게임에서 벗어나게 하면서도 아이가 적당히 즐길 만한 유익한 게임이 있으면 얼마나 좋을까요?

"계속 공부하다가 방금 시작했는데, 맨날 게임만 하냐고 그만하래요."

아이 입장에서도 억울한 구석은 있을 겁니다. 학교에 학원에 자신도 나름대로 많은 시간을 들여 공부를 하는데, 그래서 집에서는 게임 좀 하며 쉬고 싶은데 부모가 매번 가로막습니다. 자신의 마음을 몰라 주는 것 같아 섭섭한 마음도 들 겁니다. 그러다 학교에서 친구들이 게임 이야기라도 하면 자기만 맘껏 놀지 못하는 것 같아 더욱 슬퍼하고 불만이 쌓입니다. 스트레스를 풀 만한 것을 찾고 싶어도 주위에 갖고 놀 만한 것이 스마트폰, 컴퓨터밖에 없어 아이로서도 답답할 노릇일 것입니다.

"막상 아이와 놀이를 하려고 하면 어떻게 놀지 막막해요."

아이를 키우는 부모라면 누구나 매일같이 고민할 겁니다. 아이와 함께 시간을 보내고는 싶은데, 매번 아이의 수준에 맞춰 게임을 하는 것은 너무도 괴롭습니다. 미취학 아이와 인형이나 장난감으로 역할놀이를 한참 해주다가 "여긴 어디? 나는 누구?" 하며 헤매고 영혼이 사라지는 듯한 경험을 한 적이 있을 겁니다. 자신보다 한참 어린 아이의 수준에 맞춰 놀아 주기란 참 쉽지 않은 일입니다. 또 보드게임을 사줬더니 게임을 함께해 주기 쉽지 않다고 하는 학부모도 많습니다. 어른도 아이도 행복하게 게임을 할 수 있는 좋은 방법은 없을까요? 가족 모두가 보드게임을 즐길 수만 있다면 두 시간이든 세 시간이든 아이와 함께 재미있게 시간을 보낼 수 있을 텐데 말입니다.

"스마트폰 말고 아이에게 유익한 놀이 활동이 있을까요?"

요즘 초등학생들을 보면 스마트폰에 빠져 지내는 아이들이 참 많습니다. 방과 후 수업이나 학원 수업 전 스마트폰을 하는 아이들을 쉽게 보곤 합니다. 스마트폰을 많이 사용하면 주의 집중력을 저하시키고 심하면 시력까지 해칠 텐데, 집에서까지 스마트폰으로 게임만 한다면 정말 걱정되는 일이 아닐 수 없습니다. 아이가 여가 동안 즐길 만한 좋은 취미생활을 찾게 해주면 얼마나 좋을까요?

아이가 스마트폰만 본다고 걱정만 하지 말고 우리 아이가 좋아할 만한 보드게임을 찾아보세요. 아이와 부모에게 충분히 가치 있는 일이 될 것입니다. 아이들이 건강하고 유익한 여가를 누릴 수 있도록 보드게임을 적극적으로 지원해 주세요.

"부모님이 행복해야 아이도 행복할 수 있습니다."

집안이 화목하면 모든 일이 잘 된다는 가화만사성이라는 말이 있습니다. 부모가 아이와 함께 보드게임이라는 공통된 관심사를 함께 즐기며 시간을 보낸다면 오랜 시간 지치지 않고도 아이와 놀아 줄 수 있습니다. 보드게임을 할 때 게임의 조건을 약간만 조정해 주면 어른이 억지로 못하는 척하며 져줄 필요 없이 실력대로 아이와 함께 게임을 즐길 수 있습니다. 누구나 어렵고 힘들게 느끼는 육아의 시간을 즐길 수 있습니다. 또 상호간에 신뢰가 쌓이고 감정적으로 친근감을 느끼는 인간관계, 즉 아이와의 래포가 단단하게 형성됩니다. 아이와의 대화도 훨씬 자연스럽게 이어 갈 수 있습니다.

알아 두면 쓸모 있는 보드게임 꿀팁 대공개!

아이와 함께 보드게임을 해보세요. 가족의 행복을 이끌어 줄 최고의 놀이 방법으로 보드게임을 강력하게 추천합니다. 그런데 보드게임이 재미있고 좋다는 정보는 알고 있지만 막상 주변 사람의 추천이나 인터넷 검색만으로는 우리 아이의 나이와 성별, 취향에 맞는 보드게임을 고르기가 어렵지 않으신가요? 보드게임을 구입해도 한두 번 만에 외면당해 수납장 속에서 자리만 차지하고 있는 것을 보면 속상합니다. 시중에 출시된 수많은 보드게임 중 우리 아이가 좋아할 만한 게임이 무엇일까요? 우리 아이 성향에 맞는 재미있는 보드게임을 누가 딱 알려 주면 좋을 것 같은데 말입니다.

또 게임에서 지기만 하면 씩씩거리거나 형제자매간 싸우는 모습이 아니라 서로 즐기며 게임을 할 수 있는 해결책을 알고 싶으신가요? 반대로 승부를 내는 데 스트레스를 받아 보드게임을 피하는 아이들을 위한 좋은 방법을 찾고 계신가요? 전문 보드게이머이자 현직 교사로서 그동안 수없이 들어 왔던 각종 질문을 엄선해 부모가 알고 있으면 좋은 보드게임 꿀팁들을 알려 드리고자 합니다. 또 10여 년간 보드게임을 수업에 적극적으로 활용해 온 보드게임 연구회 일원으로서 교육적으로 유익한 보드게임과 교육적 적용법을 소개해 드리고자 합니다. 이제 보드게임을 즐기기만 하면 됩니다. 이 책을 통해 아이의 공부머리와 재미를 모두 잡으며 가족 모두가 행복하게 보드게임을 즐기길 바랍니다.

놀이샘 소개

아이들이 노는 모습을 볼 때 가장 행복한 교사들, 우리는 '놀이샘'입니다.

놀이샘은 보드게임을 좋아하는 교사들의 모임입니다. '교사가 즐거워야 아이들도 행복하다'라는 신념 아래 전국에서 모인 50여 명의 초등교사가 매달 보드게임을 수업에 활용하는 방법을 연구하고 나누고 있습니다.

2010년대부터 모임을 시작한 놀이샘은 2013년 초등교사 커뮤니티인 인디스쿨의 교사모임으로 인정받고 공식적으로 활동하기 시작했습니다. 활동 초기에는 보드게임과 관련된 교사 모임이 거의 없어 각 보드게임 회사에 탐방을 가기도 하고 보드게임에 관심 있는 선생님들을 모집해 자체적으로 강의를 열기도 하면서 보드게임의 연구 영역을 점차 넓혀 나갔습니다.

'보드게임으로 즐거운 수업 행복한 교실', '기능성 보드게임 활용! 교과 연계 창의 인성 활동 지도법', '활동으로 공감하는 수업 만들기'라는 이름의 원격 직무연수 콘텐츠를 제작했고, 비바샘 교육플랫폼의 '잘 노는 쌤의 게임수업연구소' 코너에도 보드게임 활용 교육 콘텐츠를 꾸준히 올리며 선생님들과 온라인으로도 소통하고 있습니다.

매년 4회 이상 초등학교 선생님들을 위한 보드게임 수업사례 나눔연수를 진행하고 있으며, 꾸준히 보드게임을 연구하며 '서울보드게임활용교육연구회' 운영을 하고 있습니다. 직접 보드게임 지도자 과정을 열기도 하고, 보드게임 활용 교육에 대한 교사 직무연수 및 자격연수의 강사로도 참여하고 있습니다.

교사라는 직업의 전문성과 보드게임 연구의 전문성을 합쳐 '타임라인 한국사' 보드게임의 카드 제작에 직접 참여했고, 2024년에는 영어, 안전, 수학 교과와 관련된 보드게임을 개발하고 출시했습니다.

보드게임을 통해 게임을 플레이하는 참여자, 보드게임을 연구하는 연구자, 연구한 내용을 알리는 전파자, 직접 게임을 개발하는 창작자까지 보드게임과 관련된 여러 역할을 하는 선생님들의 모임이 바로 놀이샘입니다.

이 책은 이런 점이
특별합니다!

<table>
<tr><td>**연령별
추천**</td><td>아이들의 나이에 따른 관심사, 게임 능력, 사고력 등을
반영한 연령대별 게임을 미취학, 1~2학년, 3~4학년,
5~6학년으로 나누어 추천해 드립니다.</td></tr>
<tr><td>**재미보장
보드게임**</td><td>구성품, 전략 등이 잘 구성되어 있어 많은 아이를 대상
으로 반응이 좋았던 보드게임을 연령대별 일곱 개씩
추천해 드립니다.</td></tr>
</table>

공부머리 보드게임

국어, 수학, 영어 등과 관련해 학습적으로 유익하면서도 재미있게 즐길 수 있는 보드게임을 연령대별 일곱 개씩 추천해 드립니다.

우리 아이 맞춤형

아이의 성향에 따른 맞춤형 게임을 추천해 드립니다. 활동적인 아이, 대화를 즐기는 아이, 전략을 좋아하는 아이, 암기에 뛰어난 아이, 혼자서도 즐겁게 노는 아이, 상상력이 풍부한 아이, 추리를 좋아하는 아이가 좋아할 만한 게임을 알려 드립니다.

우리 가족 맞춤형

우리 가족의 상황, 게임 인원, 장소에 맞는 게임을 추천해 드립니다. 협력형 보드게임, 경제 및 예술 분야 보드게임, 집에서 즐기는 방탈출 보드게임, 기차에서 가능한 조용한 보드게임, 캠핑용으로 좋은 휴대용 보드게임, 온 가족이 함께 즐기기 좋은 보드게임을 알려 드립니다.

보드게임 실전 노하우

보드게임을 할 때 겪는 다양한 문제 상황에 대한 해결법을 알려드립니다. 형제자매간에 수준 차이가 날 때, 보드게임 보관 꿀팁, 승패에 너무 집착할 때 해결법 등 보드게임을 할 때 유용한 실전 노하우를 담았습니다.

Contents

2부 공부와 재미까지 모두 잡아 주는 추천 보드게임 56

1장 4~7세, 한글과 숫자를 취학 전에 마스터하자!

4장 5~6학년, 중학교 과정을 대비한 학습 두뇌 계발 보드게임

3부 아이와 부모가 함께 즐거운 보드게임 활용법

1장 아이 맞춤형 게임 – 우리 아이만의 탁월한 재능 발견하기

2장 상황 맞춤형 게임 – 가족과 함께하는 시간

1부

아이도 부모도
즐거운 보드게임의 모든 것

1장

우리가 반드시
보드게임을 해야 하는 이유

🎲 메타인지와 다중지능을 키울 수 있다고요?

> 나는 특별한 재능이 없다. 열렬한 호기심이 있을 뿐이다.
>
> _알베르트 아인슈타인

보드게임은 아이들의 호기심과 몰입을 불러일으켜 다양한 능력을 발휘하게 해줍니다. 영재 수업, 사고력 수업, 두뇌 서바이벌 프로그램에서 보드게임 규칙을 적극적으로 활용하는 것도 바로 그러한 효과 때문입니다. 보드게임을 하면 단순히 노는 데서 그치지 않고 치열한 수싸움을 벌이며 매우 전략적인 사고를 하게 됩니다. 게임의 승리를 위해 아이들은 자신에게 주어진 자원들을 최대한 이용해 효율적인 승리 전략을 필사적으로 찾게 됩니다.

보드게임을 하는 아이를 보면 단순히 게임을 반복하는 것이 아니라 보드게임 규칙을 변형하기도 하고, 기존과는 다른 전략을 매번 새롭게 적용하기도 합니다. 심지어 보드게임의 구성품을 이용해 새로운 방식의 놀이를 만들어 내기도 합니다. 아이들은 게임을 거듭할수록 무수한 시행착오를 경험하고 자신만의 최적의 전략을 세워 가면서 그동안 배웠던 모든 지식과 경험들을 총동원해 메타인지를 향상시킬 수 있습니다.

> 인간의 지능은 다양한 종류의 지능이 상호협력한 결과다. 지능은 발전시킬 수 있는 능력이다. 인간으로서 우리는 모두 지능을 높일 가능성을 가지고 있다.
>
> _하워드 가드너(하버드 교육대학원 교수)

1) 언어 지능: 말이나 글을 사용하고 표현하는 능력, 외국어를 습득하는 능력

2) 논리수학 지능: 숫자나 기호, 상징체계 등을 습득하고 논리적·수학적으로 사고하는 능력

3) 공간 지능: 그림이나 지도, 입체설계 등 공간과 관련된 상징들을 습득하는 능력

4) 음악 지능: 화성, 음계와 같은 음악적 요소와 다양한 소리를 파악하고 표현하는 능력

5) 신체운동 지능: 목적에 맞게 신체의 다양한 부분을 움직이고 통제하는 능력

6) 인간친화 지능: 타인의 기분이나 생각, 감정, 태도 등을 파악하고 이해하며 적절하게 반응하고 교류·공감하는 능력

7) 자기성찰 지능: 자신의 성격이나 성향, 신념, 기분 등을 성찰하고 자신의 내적 문제들을 해결하는 능력

8) 자연친화 지능: 자연을 분석하고 상호작용하는 능력

출처: 두산백과, https://terms.naver.com/entry.naver?docId=4346435&cid=40942&categoryId=31531

다중지능이론을 주창한 하워드 가드너 같은 교육 분야의 세계적 석학들은 인간의 지능은 단일한 것이 아니라 다양한 영역으로 구성돼 있으며 사회문화적 환경과의 상호작용을 통해 발달한다고 봅니다. 다중지능이론에서는 언어, 논리 지능을 인간의 주된 지능으로 이해했던 기존 이론과는 달리 인간의 지능을 언어 지능, 논리수학 지능, 음악 지능, 공간 지능, 신체운동 지능, 인간친화 지능, 자기성찰 지능으로 구성돼 있다고 설명합니다. 또한 적절한 환경이 조성됐을 때 각 영역들이 개발될 수 있다고 말합니다.

아이들에겐 기회와 동기의 상호작용이 필요합니다. 어른들이 어떤 도움을 주는지에 따라 특정 활동을 학습할 때 발판이 되는 비계가 세워집니다. (중략) 아이를 이해할 때 다중지능이론이 도움이 되는 경우는 아이가 특별히 뭔가를 잘하거나 못할 때입니다. 그런 아이에게 어떤 식으로든 도움을 주고 싶을 때 아이가 어떤 지능을 가지고 있고 개발할 수 있을지 알아보면 좋습니다. (중략) 다중지능이론을 교육에 적용하는 방법은 개별화 및 다원화입니다. 개별화는 자신이 돌보는 아이에 대해 최대한 많은 것을 알아보고 각 아이에게 맞는 학습 기회를 제공하는 것입니다. 아이가 어떤 지능을 가지고 있는지 게임을 하며 폭넓게 관찰해 보세요. 다원화는 개념을 설명할 때 하나의 방법이 아니라 다양한 방식을 사용하라는 것입니다.

_하워드 가드너, EBS 위대한 수업 〈다중지능이론〉 중에서

가드너는 다중지능이론을 통해 개인마다 강점과 약점이 있음을 설명함으로써 강점을 개발하고 약점을 보완해 각 개인의 가능성을 극대화하도록 인

식을 변화시켰습니다. 그렇다면 우리 아이의 다중지능을 어떻게 높일 수 있을까요? 매일같이 학원을 보내거나 학습지를 풀게 하는 것만으로 아이의 지능에 도움이 될까요?

그 질문의 답이 바로 보드게임에 있습니다. 수십, 수백 개의 보드게임을 하기 위해서는 각각 다양한 지능이 필요하며 자연스럽게 각 지능을 발전시킵니다. 예를 들어 딕싯, 블리츠, 워드캡처와 같은 보드게임들은 언어 지능을, 우봉고, 테트리스와 같은 퍼즐형 게임은 공간 지능을, 할리갈리 컵스, 코코너츠, 루핑루이와 같은 게임은 신체운동 지능을, 다빈치코드, 스플렌더, 카탄, 파라오코드와 같은 게임들은 논리수학 지능과 자기성찰 지능을 중점적으로 신장시켜 줍니다.

보드게임은 각 지능들이 아이의 자발성에 의해 향상된다는 점에서 탁월한 도구입니다. 아이는 부모가 시켜서 하는 것이 아니라 재미있어서 스스로 게임을 합니다. 이렇게 자발적으로 몰입하면 아이들은 다양한 능력을 최대한 발휘할 수 있게 성장합니다.

아이와 보드게임을 매일 해보세요. 어느 순간 보드게임의 매력에 빠져 친구, 형제, 자매와 함께하는 모습을 발견하게 됩니다. 또 게임을 풀어 나가기 위해 자신의 모든 지능을 발휘하며 몰입하는 아이의 모습을 볼 수 있습니다.

보드게임은 아이들에게 훌륭한 장난감이자 즐거운 학습 활동이 될 수 있습니다. 우리 아이가 강점을 지닌 지능을 더 키우고, 어려워하는 부분을 보완하며 아이의 잠재력을 마음껏 발휘하도록 보드게임을 함께해 보세요.

멘사 회원들의 보드게임, 어떤 것들이 있을까?

보드게임을 할 때는 짧은 시간 안에 한정된 자원으로 최대의 목표를 달성해야 합니다. 그 과정에서 아이들은 다양한 상황을 마주하고 실제적이고 종합적인 문제해결 과정을 경험할 수 있습니다. 또한 게임을 활용한 학습에 자발적으로 참여하게 되고 게임에서 승리하기 위해 다양하고 발산적인 사고를 함으로써 생각하는 힘과 집중력을 기를 수 있습니다.

보드게임을 반복해서 하다 보면 사고력, 정보처리 능력, 문제해결력을 자연스럽게 기를 수 있습니다. 전략성이 높은 보드게임에서 이기기 위해서는 게임의 규칙을 파악하고 승리에 필요한 장기적, 단기적 목표를 수립한 후 상황에 맞게 전략을 수정해 나가는 과정에 익숙해져야 합니다.

영재교육원에서도 보드게임을 수업에 활용하는 경우가 많습니다. 고차원적 사고력을 가지고 정보처리 능력과 문제해결력을 발휘하는 아이들을 소위 지적 영재라고 부릅니다. 영재교육원에서 실시하는 창의적 산출물 발표회를 통해 보드게임을 결과물로 만들어 오는 학생도 많습니다. 영재교육과 보드게임의 연관성은 3부에서 자세히 다루도록 하겠습니다.

'영재'하면 멘사가 가장 먼저 떠오를 것입니다. 멘사는 표준화된 지능 검사에서 일반 인구의 상위 2퍼센트 안에 드는 사람이 가입할 수 있는 단체입니다. 미국에만 5만 명이 넘는 멘사 회원이 있다고 합니다. 특히 미국멘사협회에서는 1990년부터 마인드 게임(Mind Games)이라는 이벤트를 통해 매년 발표되는 보드게임 중 다섯 개의 게임을 선정해 멘사 셀렉트(Mensa Select) 목록을 발표합니다. 대부분 게임 규칙이 어렵지 않아 초등학생들도 충분히 할 수 있는 보드게임들입니다.

앞으로 소개할 게임 중에도 멘사 셀렉트 게임들이 많이 포함돼 있습니다. 아이들에게 멘사 셀렉트 게임이라고 소개하면 도전의식과 흥미를 좀 더 가지고 게임에 참여하곤 합니다. 아이들과 함께 보드게임을 즐기며 영재성을 길러 보세요.

🎲 게임 캐릭터가 아닌 진짜 친구를 만나는 시간

초등교사이기도 한 놀이샘 선생님들은 아이가 다른 친구들과 잘 어울리는지 유심히 관찰합니다. 아이들이 교우 관계를 맺어 가는 시간인 쉬는 시간에는 아이의 각기 다른 사회성을 엿볼 수 있습니다. 혼자 그림을 그리는 아이, 책을 읽는 아이, 친구와 공통의 관심사에 대해 조잘조잘 대화하는 아이, 친구와 공기놀이나 보드게임을 하며 노는 아이, 교실 뒤에서 몸으로 뒹굴고 있는 아이 등 각양각색의 아이를 학교에서 볼 수 있습니다.

몇몇 아이는 다른 친구에게 어떻게 다가가야 하는지, 무슨 말을 하면 좋을지 몰라 어려움을 겪곤 합니다. 아이들이 친구에게 말을 건네고 함께 게임을 하면서 친해질 수 있는 시간을 제공한다는 점에서 보드게임은 아이의 사회성을 키워 주는 좋은 도구가 됩니다.

보드게임은 아이들이 서로 대화를 나눌 기회도 제공합니다. 친구와 함께 게임에 관해 이야기하거나 전략을 공유하면서 소통의 장이 열립니다. 그 과정에서 다른 사람의 표정을 살피거나 의사소통 과정에 필요한 다양한 감각을 자연스럽게 기를 수 있습니다.

또 서로 다르게 이해한 규칙을 이야기하면서 의견을 조율해 가는 과정을 경험합니다. 평소 같이 놀지 않던 친구들과도 게임을 하기 위해 말을 걸기도 하고, 함께 이기고 지는 과정을 통해 같은 감정을 느끼며 친해지기도 합니다. 때로는 어이없는 실수로 인해 친구들을 웃게 할 수도 있습니다.

이처럼 아이들은 보드게임을 둘러싼 다양한 상황 속에서 친구들과 의견을 나누고 서로에게 맞춰 나가며 사회성을 발전시킬 수 있습니다. 집에서만 했던 쉽고 재미있는 보드게임을 학교에 가져가 보게 하세요. 게임을 통해 친구들과 친해지는 모습을 볼 수 있을 것입니다.

만약 아이가 친구들과 자주 다툼을 하거나 친구 관계에서 의견을 나누는 기술이 부족해 보인다면 우선 집에서 보드게임을 통해 여러 상황을 경험하도록 해보세요. 게임을 하는 과정에서 아이에게 고쳐야 할 점을 발견할 수 있습니다. 게임에서 질 것 같을 때 반칙을 쓴다거나 억지를 부린다거나 게임을 진행할 때 다른 사람을 과하게 재촉하는 등의 모습을 발견할 수도 있습니다.

간혹 자신이 이해한 규칙과 다를 때 상대방에게 따지듯 말하는 경우도 있고, 과격한 행동을 보이며 함께 게임을 하는 사람들을 불편하게 만드는 경우도 있을 겁니다.

다양한 상황을 미리 경험하고 살펴보면서 부모가 차근차근 규칙과 대처 방법들을 설명해 주고 연습시켜 보세요. 다른 사람과 의견을 맞춰 가는 연습, 자신의 의견을 부드럽게 말하는 연습을 시켜 보세요. 게임 중 자신의 상황이 불리해질 때 반칙을 하거나 짜증을 내지 않고 이를 받아들일 수 있도록 적절한 말과 행동을 지도해 주세요.

아이가 바른 말과 태도를 습관화한다면 갈등 상황을 슬기롭게 해결해 나갈 수 있을 것입니다. 그러면 교우 관계를 좋게 유지하는 데에도 큰 도움이 됩니다. 여러분의 아이가 친구와 재미있게 게임을 하면서 행복한 친구 관계를 맺을 수 있길 바랍니다.

🎲 우리 가족의 연결고리, 보드게임

요즘은 아이들도 참 바쁩니다. 학교를 마친 후 방과 후 활동이나 학원에 다녀오면 어스름한 저녁에야 집에 돌아오죠. 이렇게 모든 식구가 바쁘다 보니 서로 이야기할 시간이나 함께 보낼 시간이 부족하게 느껴질 때가 많습니다.

그렇다면 바쁜 일상에서 가족과 더 의미 있는 시간을 보낼 수 있는 방법은 없을까요? 오늘 저녁 아이와 즐거운 시간을 함께하고 싶다면 보드게임을 한 번 꺼내 보세요. 보드게임은 부모와 아이가 자연스럽게 함께하는 시간을 만들어 줍니다. 재미있는 게임을 함께하며 즐거운 시간도 보내고, 대화도 나누고, 때로는 경쟁하면서 서로에게 더욱 가까워지는 경험을 할 수 있습니다.

보드게임을 통해 가족이 함께 시간을 보내는 것은 단순한 놀이의 재미 그 이상의 효과가 있습니다. 아이와 같은 목표를 향해 협력하거나 경쟁하는 과정에서 서로의 사고방식을 이해할 수 있고 정서적으로도 유대감을 높일 수 있습니다. 게임 중의 소소한 대화와 아이가 점점 규칙을 잘 지키고 전략을 짜는 등의 성장하는 모습들 또한 우리 가족의 소중한 추억이 될 것입니다.

이제 집에서 보내는 여가 동안 각자 휴대전화나 TV를 보는 대신 보드게임을 꺼내 보세요. 이렇게 하면 우리 가족이 더욱 건강하고 의미 있는 시간을 함께 보낼 수 있을 것입니다. 보드게임으로 일상의 소소한 즐거움을 나누며 우리 가족의 연결고리를 더욱 끈끈하게 만들어 보세요!

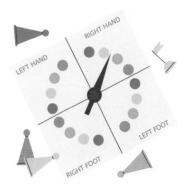

2장

두뇌 발달과 재미,
두 마리 토끼를 잡는 보드게임

부모의 말은 아이에게 많은 영향을 끼칩니다. 시카고대학의 소아외과 교수 데이나 서스킨드는 《부모의 말, 아이의 뇌》에서 부모의 말로 조성된 언어 환경이 아이에게 끼치는 영향을 중요하게 다룹니다.

언어 환경은 문해력 발달만이 아니라 아이가 어떤 사람으로 자랄지에 영향을 미친다. 또한 언어 환경을 구성하는 것은 말 자체만이 아니다. 말하는 방식, 말이 전달되는 상황 그리고 부모 또는 양육자의 따스함과 인간적 반응이 모두 중요하다.

또 《유대인의 밥상머리 자녀공부법》을 쓴 이대희 저자는 가정에서 대화를 통한 소통의 중요성을 강조합니다.

가정은 소통하는 방법을 배우는 가장 좋은 장소다. 대화를 어릴 때부터 지속적으로 실행한다면 우리가 고민하는 인성과 공부뿐만 아니라 사회성과 리더십을 동시에 추구할 수 있다.

아이는 부모의 말을 통해 유대감과 신뢰를 쌓아 갑니다. 평소 아이와 자주 소통하는 부모는 적절한 시기에 적절한 조언으로 아이를 한층 더 성장시킬 수 있습니다. 하지만 하루하루 바쁘게 살아가는 오늘날 부모가 아이와 대화다운 대화를 할 수 있는 시간은 생각보다 그리 많지 않습니다.

보드게임은 아이와의 대화에서 물꼬를 트는 소통의 도구로 제격입니다. 매일 저녁마다 아이와 함께 보드게임을 해보세요. 부모와 아이가 긍정적인 관계를 이어 갈 수 있도록 도와주고 대화의 장도 열어 줄 것입니다.

아이가 저녁마다 스마트폰 게임을 하거나 영상을 보지 않고 가족들과 보드게임을 하며 즐겁게 웃는 모습을 상상해 보세요. 미취학 자녀나 초등학생을 위한 보드게임이 다양하게 나와 있으므로 어떤 가정이라도 충분히 즐길 수 있습니다.

이처럼 아이와 부모가 함께 웃으며 게임하는 분위기 속에서 부모의 말은 아이를 조금씩 성장시킬 수 있습니다. 인간관계 전문 상담가 게리 채프먼과 로스 캠벨은 《자녀의 5가지 사랑의 언어》에서 이렇게 말합니다.

모든 아이는 자신만의 독특한 방법으로 사랑을 느끼며 자신의 사랑을 다섯 가지 방법으로 이해하고 전달한다. 즉, '스킨십', '인정하는 말', '함께하는 시간', '선물', '봉사'다. 자기에게 맞는 사랑의 언어를 부모가 표현해 줄 때 자녀는 사랑을 가장 많이 느낄 수 있다.

아이에게 보드게임과 함께 따스한 말, 함께하는 시간을 선사해 주세요. 매일 10분 혹은 20분의 짧은 시간일지라도 일정한 시간에 아이와 함께 보드게임을 즐기며 래포를 쌓아 보세요. 보드게임은 아이와 부모가 꾸준히 대화하도록 이끄는 훌륭한 매개체가 될 수 있습니다. 그리고 아이가 마음을 여는 순간 비로소 부모의 언어가 아이의 마음에 전달될 수 있습니다. 대화를 통해 아이와 유대감을 형성하고 아이를 성장시키고 아이의 잠재력을 키워 주세요.

스스로 생각하고 해결하는 능력을 기를 수 있어요

보드게임은 다양한 상황에 주어진 조건을 최대한 효율적으로 사용하는 전략적 과정입니다. 보드게임을 할 때 아이의 전략적 사고를 북돋아 주는 말은 무엇이 있을까요?

"게임할 때 전략을 짜보는 게 어때?"

➡ **전략을 세워야 하는 이유를 함께 이야기해 보세요.**

"이 게임을 그냥 하는 것보다 잘할 수 있는 방법이 있을 것 같지 않니?"

게임을 할 때 아이가 단순히 플레이하지 않고, 나름의 전략이 있을 것이라고 생각해 보도록 유도해 주세요. 그러면 아이도 전략을 찾아가는 재미를 느낄 수 있고 전략을 통해 승리하는 횟수가 많아질수록 게임을 즐기게 됩니다. 아이 스스로 전략의 필요성을 깨닫는다면 새로운 게임을 접할 때마다 어떤 전략이 있을지 생각해 보는 습관을 갖게 됩니다. 이러한 습관을 통해 아이는 사고력과 문제해결력을 성장시킬 수 있습니다.

"아빠는 어떤 전략을 쓰시는 걸까?"

➡ **상대방을 관찰하며 전략을 찾아보도록 말해 주세요.**

아이가 어리다면 게임을 잘하는 상대방을 관찰하도록 유도하는 말을 통해 전략을 찾아보게 할 수 있습니다.

"이 게임은 아빠가 참 잘해서. 이번에는 아빠가 어떤 방법으로 게임을 하는지 한번 관찰하면서 게임해 볼까?"

"엄마가 이 게임에서 점수를 쉽게 딸 수 있는 전략을 찾은 것 같은데, 엄마가 하는 방법을 보면서 어떤 전략인지 찾아볼래?"

전략을 직접 알려 주는 것보다 이렇게 관찰을 통해 전략을 찾아보게 하면 그 자체로 아이에게 중요하고 의미 있는 과정이 될 수 있습니다.

"왠지 이렇게 하면 이길 것 같은데, 이런 방법은 어때?"

➡ 잘못된 전략을 의도적으로 말해 보세요.

부모가 일부러 잘못된 전략을 말하며 게임을 해보세요.

"이 게임은 이렇게 하면 점수를 쉽게 얻을 수 있지 않을까?"

아이는 잘못된 전략으로 게임에서 계속 점수를 잃어 가는 부모를 보면서 고개를 갸우뚱하게 되고 "엄마, 그런 방법보다 이게 더 좋지 않나요?"라며 반대의 전략을 찾아낼 수 있습니다. 정답을 알려 주기보다 오답을 일부러 말하며 아이가 정답을 찾도록 이끄는 방법은 학교 수업에서도 종종 쓰입니다. 이러한 방법을 통해 아이는 스스로 전략을 찾아내며 뿌듯함과 성취감을 느낄 수 있습니다.

"이 게임에는 어떤 전략이 있을까?"

➡ 여러 가지 전략을 세워 보도록 이야기해 주세요.

아이가 자기 나름대로 전략을 세웠다면 그것이 옳은 방법인지 틀린 방법인지 부모가 바로 판정해 주지 말고 게임에 한번 적용해 보도록 해주세요.

"이 카드를 모으는 게 유리할 것 같아? 그럼 그렇게 해서 게임이 잘 되는지 한번 해보자!

"그런 방법으로는 잘 안돼? 그럼 또 어떤 방법이 있을까?"

"새로운 방법으로 다시 한번 더 해볼까?"

"와, 지난번보다 더 잘하는데 비결이 뭐야?"

"여러 가지로 잘 생각했네! 전략을 다양하게 짜보는 자세가 참 좋은걸!"

아이는 직접 전략을 세우고 게임을 해보며 경험하는 시행착오를 통해 배움을 얻습니다. 이때 부모는 옆에서 차근차근 도와주면 됩니다. 아이가 스스로 찾은 전략으로 게임에서 승리로 얻었을 때의 짜릿함을 느끼게 해주세요.

"와, 어떤 전략을 세운 거니?"

➡ **자신의 언어로 전략을 설명해 보도록 유도해 주세요.**

"엄마 아빠는 잘 안되던데, 어떻게 한 거니? 대단하다!"

아이가 게임의 전략을 어느 정도 제대로 세웠다면 진심 어린 감탄과 함께 아이의 언어로 전략을 표현해 보도록 유도해 주세요.

"이 게임 정말 잘한다. 어떻게 한 거야? 무슨 좋은 전략이 있니? 한번 설명해 줄 수 있어?"

"이 게임의 전문가가 다 됐네! 안녕하세요? 전문가님, 이 게임을 잘하는 비결이 도대체 무엇인지 혹시 알려 줄 수 있으신가요?"

인터뷰 형식으로 아이를 치켜세워 주며 전략을 말해 보도록 해주셔도 좋습니다. 혹은 동생이나 아는 사람을 도와주도록 이끌어 주세요.

"엄마가 아는 아이가 이 게임을 잘 못해서 너무 속상해하나 봐. 혹시 그 친구에게 도움이 될 만한 좋은 전략이 있을까? 혹시 알려 줄 수 있어? 엄마가 전달해 줄게. 그럼 그 친구가 정말 고마워할 거야."

아이의 언어로 게임의 전략을 설명하게 하면 아이는 자신의 전략을 신나게 말로 표현할 겁니다. 자신의 전략을 머릿속에서 종합적으로 정리하고 자신만의 언어로 풀어 내는 과정을 통해 아이의 전략이 체계화되면서 표현력과 언어 구사력도 좋아집니다.

이처럼 게임을 하면서 게임을 풀어 나가는 전략에 차근차근 접근해 갈 수 있도록 유도해 주세요. 어떤 선택이 어떤 결과로 나올지, 어떤 전략을 썼을 때 더 효율적일지 아이가 고민해 보도록 말이죠. 아이 스스로 생각하게 만드는 부모의 말을 통해 아이는 주도적으로 전략을 세우는 습관을 갖게 되고 전략적 사고력을 향상시킬 수 있습니다.

🎲 바른 말과 태도를 습관으로 만들 수 있어요

학교에서 쉬는 시간이나 점심시간에 아이들끼리 게임을 하는 모습을 보다 보면 몇몇 아이의 날선 말과 거친 행동이 친구들과의 사이를 오히려 나쁘게 만드는 경우가 있습니다. 특히 승패가 갈리는 보드게임을 할 때 지는 것을 받아들이지 못하고 "이 게임 다시는 안 해. 재미없어!" 하며 보드를 엎거나 "너 반칙했잖아! 치사해."라며 애매한 판정을 들추고 친구와 싸우며 분노를 표출하는 아이도 있습니다. 또 게임을 하는 과정에서 자신보다 못하는 친구에게 심한 말을 하거나 규칙을 어겨 가며 예의를 지키지 않는 아이도 있습니다. 만약 이런 태도가 계속된다면 게임에서 승리를 얻을 수는 있어도 소중한 친구를 잃을 수 있습니다.

가정에서 게임을 할 때 아이가 바른 태도를 갖도록 지도해 주는 것이 좋습니다. 또래와 게임을 하면서 겪을 수 있는 상황을 대비해 가정에서 게임을 하며 바른 말과 행동을 할 수 있도록 지속적으로 알려 주세요. 아이가 친구를 배려하고 함께 즐길 수 있다면 사회성이 발달하고 친구 관계에도 큰 도움이 됩니다.

"게임은 게임일 뿐이야."
➡ 게임의 승패에 연연하지 않고 게임을 즐기는 태도를 갖게 해주세요.
"게임에서 질 때도 있고 이길 때도 있지."
"질 수도 있지. 재미있게 했으면 그것으로 됐어."
"져도 재밌네. 한 번 더 게임해 보자!"
아이와 게임을 할 때 부모가 이런 말들을 계속 해주면 좋습니다. 게임 자체를 즐기는 마음을 갖도록 본보기를 보여 주세요.
"지난번에 하윤이는 지기만 하면 울었는데, 이제는 져도 씩씩하네."
"준이가 이제 승패와 관계없이 게임을 꽤 즐기는 단계가 되었구나!"
"게임 자체를 즐기는 사람이 제일 멋지지."
"게임보다 중요한 건 친구잖아. 그러니까 게임에서 져도 친구랑 재미있게 놀았으면 그것으로 의미 있는 시간을 보낸 거야. 졌다고 너무 슬퍼하지 말고, 친구와 게임하는 그 시간을 즐겨 봐."
"게임에서 졌다고 너무 속상해하거나 다른 곳으로 휙 가버리면 함께 게임을 하던 친구들이 너무 황당하겠지? 운동경기에서 함께 운동한 선수들끼리 멋지게 마무리하는 것을 스포츠맨십이라고 해. 게임에서도 끝날 때 예의를 갖춰서 이긴 친구를 축하해 주고, 함께 게임했던 친구들과 재미있었다고 말하며 마무리하면 정말 멋진 플레이어가 되는 거야. 우리 한번 그렇게 될 수 있도록 연습해 볼까?"

어렸을 때부터 게임을 꾸준히 많이 해본 아이는 게임의 승패에 크게 연연하지 않고 게임을 즐기는 편입니다. 친구들과 즐겁게 게임하는 아이의 모습을 상상하며 아이가 좋은 태도를 가질 수 있도록 꾸준히 지도해 주세요.

"같이 정리하자."
➡ **게임을 마무리할 때 함께 정리하는 태도를 갖게 해주세요.**

보드게임을 마무리할 때에도 갖춰야 할 태도가 있습니다. 학교에서 쉬는 시간에 아이들이 신나게 보드게임을 함께한 후 마무리할 때만 되면 정리하기 싫어 슬쩍 빠지는 아이가 있습니다. 게임할 때는 즐겁게 어울리던 아이들도 정리할 때 함께하지 않는 아이를 보면 다음번엔 그 아이와 함께 게임을 하지 않을 거라고 씩씩대곤 합니다. 아이가 보드게임을 마친 후에는 정리하는 태도도 꼭 갖추게 해주세요.

"게임을 마무리할 때에는 꼭 같이 치우는 거야."
"예의 바른 사람이 친구 사이도 좋더라! 우리 함께 치워 볼까?"

아이가 게임에 참여하는 모습, 게임 후 승리나 패배를 받아들이는 모습, 게임을 정리하는 모습 등을 지켜보며 좋아진 부분이 있다면 칭찬해 주세요. 아이가 어릴 때부터 부모가 함께 게임을 해주면서 다양한 상황에서 적절한 말로 지속적으로 지도해 준다면 처음에는 게임에 져서 씩씩거리는 아이도 조금씩 게임을 대하는 자세가 좋아지는 것을 보게 됩니다. 게임의 승패를 의연하게 받아들이면서 게임을 즐기는 아이로, 게임을 하며 행복해하는 아이로 자랄 수 있도록 해주세요.

함께 노는 재미를 통해 사회성을 기를 수 있어요

게임을 할 때 규칙을 지키지 않고 반칙을 하면서까지 이기는 데만 집중하는 경우가 있습니다. 이런 아이를 교정해 주지 않으면 또래와 놀 때 크고 작은 갈등을 유발하게 됩니다. 아이가 어리든 크든 친구 관계는 사소한 행동으로 틀어질 수 있습니다. 아이가 규칙을 지키지 않는다면 부모가 지속적으로 지도해 줘야 합니다.

"보드게임에는 정해진 규칙이 있어."

➡ 규칙의 중요성을 이해하고 따르도록 알려 주세요.

역할놀이는 자기 마음대로 규칙을 정할 수 있지만 보드게임은 이미 정해져 있는 규칙을 따라 플레이해야 합니다. 게임의 규칙을 정확히 따를 때 비로소 게임을 균형감 있고 재미있게 진행할 수 있습니다. 아이가 보드게임 규칙을 수용하는 태도를 갖도록 지속적으로 지도해 주면 좋습니다.

"이 게임은 이런 방식으로 하는 거야. 그래야 이 게임을 아는 다른 친구랑 만났을 때 규칙 때문에 싸우지 않고 재미있게 게임할 수 있어"

"자기 마음대로 게임을 한다면 이건 우리 가족들만 할 수 있는 게임이 돼.

이 게임을 친구들과도 플레이하면 얼마나 재미있을까? 그러려면 이 게임의 정확한 규칙으로 게임하는 습관을 갖는 게 좋아."

"게임하는 규칙을 서로 다르게 알고 있으면 누구 말이 맞는지 따지다가 시간이 다 흘러가 버려서 게임이 잘 진행되지 않겠지? 게임마다 정해진 규칙과 방법을 지키는 것은 무엇보다도 중요하단다."

보드게임의 규칙을 받아들임으로써 아이는 준법정신을 기르고 나아가 공동체 사회에서 지켜야 할 규칙의 중요성을 알고 실천하는 태도도 기를 수 있습니다.

"너라면 어떤 마음이 들어?"

➡ 규칙을 어기면 안 되는 이유를 떠올리도록 이끌어 보세요.

아이가 게임을 할 때 규칙을 지키지 않고 반칙을 한다면 단순히 "규칙을 지켜야지." 혹은 "규칙을 어기면 안 돼."라고 말하기 전에 입장을 바꿔 어떤 마음이 드는지 생각해 보도록 이끌어 주세요.

"네가 이기고 싶은 마음이 많이 크구나. 그런데 그렇게 네 마음대로 규칙을 정해서 게임을 하면 함께 게임을 하는 친구들은 어떤 마음이 들까?"

"만약 게임을 할 때, 어떤 친구가 미리 정해진 규칙을 지키지 않고 자기 마음대로 게임 규칙을 바꿨어. 그럼 넌 어떤 마음이 들 것 같아? 그 친구가 어떻게 하면 다 같이 즐겁게 게임할 수 있을까?"

"친구들과 싸우지 않고 재미있게 놀고 싶지? 그럼 질 때 지더라도 규칙을 잘 지키며 게임하려고 함께 노력해 보자!"

아이가 다른 사람의 입장이 되어 보는 과정을 통해 규칙을 지켜야 하는 까

닭을 알고 이를 실천할 수 있도록 한다면 아이의 학교생활에도 큰 도움이 될 것입니다.

"규칙을 바꾸려면 함께하는 사람들의 동의가 필요해."
➡ 게임은 혼자가 아닌, 함께하는 것임을 떠올리도록 해주세요.

보드게임을 하다 보면 간혹 게임의 규칙을 바꿔 변화를 주고 싶을 때가 생깁니다. 예를 들어 규칙을 더 복잡하게 만들어 게임을 더 흥미롭게 만들거나 수준이 다른 참가자가 있을 때 예외 규칙을 만들어 게임이 더 균형 있게 만드는 경우가 있습니다. 이때 아이가 독단적으로 행동하지 않고 함께하는 친구들의 동의를 얻어 규칙을 바꾸도록 이끌어 주세요.

"게임의 규칙을 바꿀 때에는 함께하는 사람들의 동의가 필요해."

"모두가 괜찮다고 하면 이 부분의 규칙을 조금 바꿔 보도록 하자."

아이가 규칙을 바꿀 때 상대방과 조율하는 과정을 거치게 유도함으로써 상대방을 배려하는 태도와 의사소통 능력을 기를 수 있습니다.

사회에 속해 살아갈 때 규칙을 잘 지키는 습관만큼 중요한 것은 없습니다. 게임의 규칙을 지키는 것이 사소해 보일지 몰라도 아이들의 세계에서는 반드시 갖춰야 할 매우 중요한 태도입니다. 아이가 규칙을 잘 지키며 형제자매, 친구들과 사이좋게 지낼 수 있도록 항상 알려 주세요.

일상적 대화로 자연스럽게 유대감을 키울 수 있어요

아이와 보드게임을 즐기면서 어떤 이야기를 함께 나누면 좋을까요? 아이가 어떻게 성장하고 있고 무엇을 배우고 있는지에 대해 함께 이야기를 나눈다면 게임 시간의 가치를 높일 수 있습니다.

"오늘 쉬는 시간엔 뭐 하고 놀았니?"
➡ 게임하는 시간을 일상을 공유하는 시간으로 바꿔 보세요.

"오늘 학교에서 어땠어?"

"괜찮았어."

요즘 학교생활이 어떤지 물어보면 학교에서 일어난 일을 조잘조잘 이야기해 주는 아이가 있는 반면, "좋았어, 별일 없었어."라고 대수롭지 않게 말하며 스마트폰의 세계로 빠져드는 아이도 있습니다. 대화에 서툰 아이가 있다면 보드게임을 하면서 자연스럽게 일상에 관한 대화를 풀어 나갈 수 있습니다.

보드게임 중에는 모두가 동시에 참여하는 게임도 있지만 차례대로 하면서 순서를 기다리는 게임도 있습니다. 예를 들어 스플렌더 같은 게임을 할 때는 자신의 차례인 사람이 플레이할 동안 다른 사람들은 잠시 기다려 줘야 합니다. 그때 아이에게 자연스럽게 일상에 대한 질문을 해보세요.

"요즘 학교 쉬는 시간에는 주로 무엇을 하고 노니?"

"오늘은 주로 누구랑 놀았니? 그 친구는 무엇을 좋아해? 어떤 걸 잘해?"

즐거운 시간을 보낼 때 질문을 하면 아이도 밝은 분위기 속에서 평소보다 더 많은 이야기를 꺼낼 수 있습니다. 평소 아이가 학교에서 쉬는 시간에 어떤 모습으로 지내고 있는지를 그려 볼 수도 있죠. 친구들과 잘 지내는지 파악할 수 있고 친구 관계에 대해 조금 더 구체적으로 조언해 줄 수도 있습니다.

"요즘 어떤 게임이 좋아?"

➡ **아이의 관심사와 평소 생각이 무엇인지 파악해 보세요.**

"요즘은 어떤 게임이 제일 재밌어?"

"그 게임의 어떤 점이 그렇게 재미있니?"

"엄마는 이 게임의 이 캐릭터가 제일 좋더라. 너는 어때?"

"소식 들었어? 얼마 전에 ○○게임이랑 비슷한데 더 재미있는 게임이 새로 나왔대."

보드게임이라는 소재로 아이들에게 말문을 열어 보세요. 아이 스스로 자신이 좋아하는 보드게임에 대해 신나게 말할지 모릅니다. 그런 다음 조금씩 이야기 주제를 옮겨 보세요. 아이의 요즘 관심사, 친하게 지내는 친구, 친구들과 하는 놀이에 대해 이야기해 보세요. 아이가 어떤 생각을 하면서 어떻게 지내는지 알고 있으면 아이가 처한 상황에 적절한 조언도 해줄 수 있습니다.

아이와 함께 즐거운 시간을 보내며 이야기를 나누는 것, 그것이야말로 부모로서 자녀에게 해줄 수 있는 가장 큰 선물 아닐까요? 재미있게 게임을 하면서 아이와 일상 대화를 자연스럽게 나누길 바랍니다.

3장

보드게임 하면서
이런 말은 안 돼요

🎲 불필요한 경쟁심을 불러일으키는 말

"누가 더 잘하는지 시합해 볼까?"

부모가 아이를 키우다 보면 자신도 모르게 경쟁을 부추기는 말을 하게 되기도 합니다. 아이의 행동 속도와 집중력을 순간적으로 눈에 띄게 향상시키기 때문입니다. 하지만 평소에는 물론 보드게임을 할 때도 경쟁을 부추기는 말은 지양해야 합니다.

경쟁은 상대방과의 비교를 전제로 합니다. 아이를 다른 아이와 비교하면 그 자체만으로도 부정적인 영향을 미칩니다. "야, 이건 누나보다 서호가 더 잘하네!" "형/누나처럼 잘해 봐." 같은 말은 형제간에 불필요한 경쟁을 불러와 갈등을 유발할 수 있습니다. 자칫 한 아이에게는 우월감을, 다른 아이에게는 열등감을 심어 줄 수 있습니다.

만약 아이가 경쟁에서 지게 되면 자신을 형제나 친구와 비교하고 본인이 부족하다고 생각하기도 합니다. 무엇보다 즐기기 위한 게임의 목적이 변질돼 상대방보다 잘해야 한다는 생각에 빠져 게임의 과정보다 승패에 지나치게 집착할 수 있습니다.

"누가 더 잘하는지 보자."

본능적으로 아이는 부모의 기대에 부응해 사랑과 인정을 받고자 하는 욕구가 있습니다. 상대방과의 비교를 암시하는 부모의 말을 들은 아이는 게임에서의 행동이나 승패로 자신이 평가받는다고 오해해 게임의 승패에 더욱 집착하게 됩니다.

이처럼 아이들은 경쟁과 비교의 말을 들으면 불필요한 압박감을 느끼고 게임의 목적 역시 즐거움에서 승리로 바뀝니다. 게임은 즐거움과 학습을 위한 활동이어야 합니다. 지나치게 성과나 승패에 집중할수록 아이는 게임을 스트레스로 인식하게 됩니다. 결국 게임의 본래 목적은 사라지고 아이는 게임을 즐기지 못하게 됩니다.

"너도 좀 잘해 봐."

남들과 비교하는 말 역시 아이에게 다른 사람과 비교당하는 느낌을 주고 자신감을 떨어뜨립니다. 아이는 자신의 능력에 의문을 가지고 다른 사람과 자신을 비교하게 됩니다. 나아가 자신을 부정적으로 평가하고 자신감과 자존감 역시 떨어집니다. 비교와 경쟁의 말 대신, 이렇게 말해 보면 어떨까요?

"형/누나처럼 해봐."
➡ "우리 민준이 방법도 좋다!"
➡ "와! 그렇게도 할 수 있네!"
"누가 더 잘하는지 보자."
➡ "우리가 함께 즐거운 것이 중요해. 같이 해볼까?"
"윤이 잘하던데 너도 윤이처럼 잘해 봐."
➡ "조금만 더 연습해 보면 잘할 수 있어."

➡ "같이 해보자."

상대방과 비교하고 경쟁을 부추기는 말은 아이에게 불필요한 스트레스를 줍니다. 아이가 자신을 다른 사람과 비교하는 상태에서는 보드게임을 온전히 즐길 수 없습니다. 형제자매나 친구와의 관계가 악화될 수도 있고 아이가 자신의 모습을 있는 그대로 받아들이지 못하게 만듭니다.

아이는 자신만의 속도로 배우고 성장하며 다른 사람과 비교당하지 않는 환경에서 더욱 잘 성장합니다. 게임을 할 때는 부모가 비교하거나 경쟁을 부추기기보다 협력과 즐거움을 강조해야 합니다.

🎲 약 올리거나 조롱하는 말

아이가 귀여워 약 올려 본 적이 있나요? 아이의 정서에 좋지 않다는 걸 알면서도 뾰로통한 아이의 표정을 보며 놀리고 싶은 적이 있나요? 만약 그렇다면 평소뿐 아니라 보드게임을 할 때도 아이를 약 올리거나 조롱하는 말은 꾹 참아야 합니다.

아이를 약 올리거나 조롱하는 말은 아이의 자존감과 자신감을 손상시킬 수 있습니다. 어린아이는 자아를 형성하는 과정에서 부모나 보호자의 피드백에 영향을 받습니다. 만약 보호자가 부정적인 피드백, 특히 약 올림이나 조롱을 하면 아이는 게임을 하면서 긍정적인 경험보다 자신에 대한 부정적인 생각을 하게 됩니다.

아이의 게임 실력을 조롱하면 아이는 자신이 무능하다고 느끼고 더 이상 도전하려는 의지를 잃게 됩니다. 나아가 실패를 두려워하게 됩니다. 부모에게 조롱받고 싶지 않은 마음에 새로운 시도도 꺼리게 됩니다. 결과적으로 아이가 놀이를 통해 배울 수 있는 중요한 기회를 잃게 될 뿐만 아니라 학습과 성장에 걸쳐 전반적으로 악영향을 미칩니다.

아이는 부모의 거울이라는 말처럼 부모나 보호자가 아이와 놀아 줄 때 약 올리거나 조롱하는 말을 한다면 아이도 친구들과 놀 때 비슷한 식으로 대화를 하게 됩니다. 부모가 자신에게 한 것처럼 아이가 자신과 놀아 주는 상대방을 조롱한다면 아이의 친구 관계나 사회성에 문제가 생길 수밖에 없습니다. 아이는 놀이를 통해 상호작용하는 법을 배우고 협력과 경쟁, 승리와 패배를 경험하며 성장합니다. 약 올림이나 조롱은 건강한 상호작용을 방해하고 아이가 다른 사람과의 관계를 맺는 것을 어렵게 합니다.

보드게임을 하며 노는 목적은 아이가 가족과 함께 즐거운 시간을 보내면서 학습과 성장을 도모하는 것입니다. 이때 만약 약 올리거나 조롱하는 말을 한다면 기대와 달리 아이에게 스트레스를 주게 되고 조롱하는 주체만 즐거움을 느낄 뿐입니다. 결국 아이는 점점 놀이에 대한 흥미를 잃어 가고 부모가 자신을 사랑하지 않는다는 생각까지 하기에 이릅니다. 존중받지 못한 경험을 통해 부모나 보호자가 자신을 지지하고 사랑해 준다는 믿음에 균열이 생기는 것입니다. 약 올리는 말 대신 이렇게 말해 보면 어떨까요?

"엄마(아빠)부터 이기고 와."
➡ **"야, 실력 많이 늘었다. 저번보다 더 많이 찾았네!"**

"아직도 이해 못 했어?"

➡ "이 부분이 좀 헷갈리긴 하다. 한 번 더 해볼까?"

"게임하고 있는 거 맞아?"

➡ "천천히 생각해도 괜찮아."

아이를 지지하는 긍정적인 피드백은 게임을 통해 자신감을 키우고 즐거움을 느끼며 학습할 수 있도록 도와줍니다. 부모나 보호자는 아이의 노력을 인정하고 실패를 긍정적으로 받아들이도록 설명해 아이가 실패를 통해 배울 수 있도록 도와줘야 합니다. 그럴 때 아이는 건강한 자아 인식을 형성하고 놀이를 통해 다양한 경험을 하며 성장할 수 있습니다.

🎲 전략적 사고를 저해하는 말

아이와 보드게임을 할 때 훈수를 둔 적 있나요? 어른들 사이에서도 훈수로 상대방의 기분을 상하게 할까 봐 주의하곤 합니다. 하지만 아이에게 훈수를 두는 상황에 대해서는 좀 더 관대한 것 같습니다. 아이니까 당연히 어른이 가르쳐 줘야 한다는 생각 때문일까요.

아이들도 누군가 자신을 지켜보면서 훈수 두는 것을 달가워하지 않는 경우가 많습니다. 게임할 때는 스스로 직접 부딪혀 생각하고 고민하며 성취감을 느껴야 하는데 누군가 옆에서 자꾸 훈수를 두면 재미가 반감되기 마련이죠. 한참 생각하다가 훈수 때문에 생각의 흐름이 깨지기도 합니다.

물론 훈수 덕분에 게임에서 이기면 기분은 좋을지 몰라도 자신의 힘만으로 이겼을 때 느낄 수 있는 희열에 비할 바는 아닐 겁니다. 게다가 훈수를 두는 어른들의 의도가 무엇이든 결과적으로 아이의 전략적 사고에 방해가 됩니다. 즉 아이가 게임을 통해 배우고 성장하는 과정을 방해하는 것입니다.

예를 들어 "이렇게 하면 져!"라는 말은 어른이 자신의 관점에서 최선의 수를 아이에게 제안하는 것에 불과하지만 실제로는 아이의 창의적 사고와 실험하는 과정을 제한하는 것일 수 있습니다. 보드게임은 아이가 규칙을 익히고 자신만의 전략을 개발하며 성장하는 과정이 중요합니다. 부모나 보호자는 아이가 스스로 문제를 해결하고 배우는 과정을 존중해야 합니다.

종종 부모나 보호자가 "저번에 잘하더니 왜 전략을 바꿨어?"와 같은 말도 합니다. 그러면 아이는 자신의 전략을 수정하거나 새롭게 무언가를 시도할 때 주저할 수 있습니다. 아이는 게임을 통해 실패와 성공을 경험하고 배우는 과정에서 자신의 전략을 조정하고 발전시켜 나가야 합니다. 즉 아이의 선택을 존중하고 아이가 스스로 발전할 수 있도록 도와줘야 합니다.

"이렇게 해야 이기지."와 같은 말은 아이의 자유로운 선택의 기회를 제한할 수 있습니다. 아이는 보드게임을 하는 도중 마주하는 여러 선택지와 가능성 중에서 자신의 판단과 결정을 통해 성공과 실패를 직접 경험하고 배우며 성장합니다. 만약 아이의 의사결정이 승리에 도움되지 않는 전략이었다면 아이가 자발적이고 적극적으로 전략을 수정할 수 있어야 합니다.

만약 옆에서 누군가가 아이에게 지속적으로 이야기해 주면 아이는 스스로 생각하기보다 "이다음에 어떻게 해요?"와 같이 상대방에게 의지하는 태도를 보일 수 있습니다. 다른 방법으로도 스스로 생각할 수 있는데 옆에서 자꾸 새로운 방법을 말해 주면 다른 생각을 하기가 쉽지 않습니다. 마치 문제집 해답을 보고 나서는 그 방법만 생각나듯이 말입니다. 전략적 사고를 저해하는 말 대신 이렇게 말해 보면 어떨까요?

"이 말이 앞으로 가야지!"
➡ "어떤 말이 지금 앞으로 갈 수 있지?"
"(아이가 고민하고 있을 때) 저 카드 가져와야지."
➡ "너에게 지금 어떤 카드가 부족하지?"
"그렇게 하면 안 되지."
➡ "오, 그것도 좋다. 또 어떻게 할 수 있을까?"

아이가 충분한 생각을 할 수 있도록 기다려 주세요. 아이가 도움을 요청할 때에는 직접적인 훈수 대신 최소한의 힌트와 아이가 직접 생각할 수 있도록 기회를 주는 데서 그쳐야 합니다.

보드게임을 통해 문제해결력을 기르고 전략적 사고를 개발하는 경험은 매우 중요합니다. 어른이 너무 많이 개입하거나 훈수를 두면 아이들은 자신의 생각을 표현하고 실패와 성공을 경험하며 성장하는 기회를 갖기 어렵습니다. 부모나 보호자는 아이들이 자유롭게 자신의 선택을 할 수 있도록 기다려 주는 자세를 갖춰야 합니다.

🎲 무시하거나 방관하는 말

아이와 보드게임을 하다 보면 무심결에 아이를 무시하는 말을 하거나 방관하는 태도를 보이는 경우가 있습니다. 이런 말과 태도는 부모의 의도와는 달리 아이에게 부정적 메시지를 전달할 수 있으므로 평소에 조심하도록 의식해야 합니다.

예를 들어, 게임을 시작하기에 앞서 게임 규칙이나 전략을 설명하고 익힐 때 어른들만 이해하느라 아이를 은연중에 배제하곤 합니다. 게임을 재밌게 하는 것보다 아이와 함께 보내는 시간이 더 중요하다는 것을 잊지 말아야 합니다. 아이들에게도 게임 설명서를 보여 주고 함께 읽거나 예시로 나온 그림을 보여 주고 설명을 해주면서 가족이 모두 함께하고 있다는 느낌을 줘야 합니다.

반대로 "네가 알아서 해."와 같은 말을 들으면 아이는 자신이 어려운 상황에 처해도 도움을 받지 못한다고 느낄 수 있습니다. 아이에겐 부모나 보호자의 도움을 받아 배우고 성장하는 과정이 중요합니다. 만약 아이가 자신이 방치됐다고 느껴 좌절한다면 게임에 대한 흥미도 잃기 쉽습니다. 아이가 독립적으로 게임을 하도록 독려하고 싶다면 좀 더 부드러운 표현으로 바꿔 말해 보세요.

마지막으로, "네 차례야. 빨리 해."라는 말은 아이가 충분히 고민하고 선택할 수 있는 기회를 뺏을 수 있습니다. 아이는 어른보다 생각의 처리 속도가 느리다는 점을 늘 염두에 둬야 합니다. 어른의 입장에서는 아이와의 게임 시간이 답답하고 늘어지는 것처럼 느껴질 수 있습니다. 하지만 그 시간 동안 아이는 머릿속에서 열심히 전략을 짜고 있다는 것을 기억해 주세요.

아이가 고민하는 시간은 스스로 생각하고 결정하는 중요한 학습 기회입니다. 부모나 보호자는 아이가 충분히 고민하고 선택할 수 있도록 시간을 주고 아이의 결정을 존중하는 태도를 보여야 합니다. 아이의 독립성과 문제해결력은 스스로 고민하는 과정에서 길러집니다.

보드게임을 하는 도중에 아이가 "이렇게 하면 어떨까요?" 하고 게임 변형 아이디어를 제시하는 경우가 있습니다. 기물을 활용해 아예 다른 게임을 만들기도 하고 규칙을 추가하거나 제외하는 등 다양한 방법을 제시하기도 합니다. 이때 어른의 입장에선 아이가 제시한 방법이 오히려 재미없어 보일 수 있습니다. 만약 그렇더라도 너무 솔직하게 반응해 아이에게 무안을 주기보다는 긍정적 피드백을 줄 수 있어야 합니다. 자신의 아이디어에 긍정적 피드백을 받은 아이는 창의성을 향상시킬 수 있고 게임에 대한 흥미나 참여도도 높아질 수 있습니다.

꼭 보드게임을 하는 시간이 아니더라도 부모가 아이에게 상처를 주는 말을 할 때도 많습니다. 아이가 혼자 놀 수 있도록 유도할 때에도 말에 신중을 기해야 합니다. 예를 들어 부모가 쉬고 있을 때 아이가 보드게임을 들고 와서 함께 놀아 달라고 하는 경우입니다. 이때 "이제 엄마 좀 그만 부르고 혼자 좀 해봐.""언제까지 아빠가 놀아 줘야 하니?"와 같은 말을 한 적이 있는지 생각해 보세요. 그런 말들은 아이에게 자신감을 주기보다 무시당하는 느낌을 줍니다. 부모로서 아이의 참여와 즐거움을 존중하는 자세가 필요합니다. 아이를 무시하거나 방관하는 말 대신 이렇게 말해 보면 어떨까요?

"이거 설명 너무 어려워? 아빠가 해줄게."

➡ "이 설명이 어디 나와 있는지 같이 한번 확인해 보자."

➡ "네가 하기 어려운 부분이 있으면 도와줄게."

"엄마 좀 그만 부르고 혼자 좀 해봐."

➡ "이번에는 혼자서 한번 해볼까? 필요하면 엄마가 도와줄게."

"네가 알아서 해."

➡ "스스로 도전해 보고 혹시 도움이 필요하면 얘기해."

아이는 자신을 무시하거나 방관하는 듯한 말을 들으면 소외감을 느끼고 게임에 대한 흥미마저 잃게 됩니다. 또 아이에게 무관심한 부모의 태도는 아이가 자신을 중요하지 않게 느끼도록 만듭니다. 부모나 보호자의 관심과 참여는 아이에게 큰 의미로 다가오며 가족 간에 진정 어린 상호작용이 이뤄질 때 유대감이 강화될 것입니다.

4장

'이런' 성향의 아이와는
'이렇게' 게임 하세요

🎲 경쟁을 싫어하는 아이와 게임할 때

Q 우리 아이는 어릴 때부터 누구와 경쟁하는 것을 싫어합니다. 그래서 보드게임에서 승패를 가르거나 순위를 매기는 것을 싫어하다 보니 친구들과 보드게임을 할 때면 구경만 하거나 그 자리를 피한다고 합니다. 무슨 좋은 방법 없을까요?

경쟁을 싫어하는 아이는 자신이 지는 상황이 속상하거나 상대방이 지는 상황이 불편해 승패가 나지 않는 인형놀이나 종이접기 등을 즐기거나 혼자 노는 쪽을 선택합니다. 오히려 승부욕이 너무 강해 패배를 견디기 힘들어 게임을 하지 않는 아이도 있습니다.

하지만 학교 수업 시간에 다 함께 여러 가지 게임을 하는 경우도 있고 친구 집에서 놀 때 게임을 해야 하는 상황이 있을 수 있습니다. 아이가 경쟁 상황을 무조건 피하기보다 다양한 경험을 확장시키고 친구들과의 게임을 즐길 수 있도록 다음의 방법을 참고해 보세요.

첫째, 혼자 할 수 있는 게임을 시도해 보세요.

코잉스, 그래비트랙스, 러시아워처럼 혼자 하는 게임으로 보드게임과 친숙해지는 단계입니다. 아이가 혼자서 미션을 해결하는 방식을 통해 보드게임 자체에 흥미를 느끼고 자신이 좋아하는 분야를 찾도록 시간을 충분히 줍니다. 혼자 하는 게임 중에는 공간 감각을 자극하고 사고력을 기를 수 있는 퍼즐형 게임들이 많습니다. 게임에 대한 이해도를 높이고 호감을 가지게 만들기에 좋은 게임들입니다. 또 혼자 하는 게임에서 제시된 문제를 친구와 함께 풀어 보며 재미를 느낀다면 친구와 함께 게임을 즐기는 단계로 나아갈 수 있습니다.

둘째, 협력형 보드게임을 해보세요.

보드게임에 경쟁 요소만 있는 것은 아닙니다. 친구와 협력해 미션을 해결하며 성취감을 느끼는 게임도 많습니다. 저학년의 경우 여우와 탐정, 스피디 롤처럼 쉽고 순발력을 많이 요구하지 않는 게임이 좋습니다. 5분 마블, 5분 미스터리 같은 게임은 스릴도 있으면서 중학년 이상의 학생이 재미있게 도전할 수 있는 게임입니다.

전략적 사고를 좋아하는 아이들은 친구와 함께 문제를 해결하는 방탈출 보드게임, 협력 추리 게임이 좋습니다. 또 포비든아일랜드, 팬데믹 같은 보드게임을 통해 게임 속 상황을 극복해 나가며 친구와 우정도 키우고 사고의 크기도 키워 갈 수 있습니다.

협력 게임 참가자들은 공동의 목표를 위해 반드시 서로 도와야 합니다. 그 과정에서 아이는 자연스럽게 게임을 즐기게 되고 친구들과도 경쟁 없이 즐거운 시간을 보낼 수 있습니다.

셋째, 자신의 차례에 할 수 있는 행동이 정해져 있는 게임을 추천합니다.

모두가 동시에 게임을 진행하며 게임의 승패를 가르는 데 순발력이 필요한 게임들이 있습니다. 아이가 규칙을 늦게 습득하거나 신체적 협응력이 낮을 경우 스트레스를 받을 수 있습니다. 자신의 차례에 할 수 있는 행동이 정해져 있고 운적인 요소가 작용해 이기거나 져도 크게 속상하지 않는 게임을 해보세요.

넷째, 플레이 시간이 짧은 게임을 여러 번 해보세요.

보드게임을 해본 경험이 많은 아이는 승패에 크게 연연하지 않는 편입니다. 게임에서 지는 것을 스트레스로 받아들여 경쟁하는 상황을 아예 회피하는 아이도 게임 시간이 짧은 게임을 여러 번 하다 보면 '게임을 할 때 이길 때도 있고 질 때도 있구나'라는 것을 자연스럽게 받아들입니다. 게임에서 지는 것에 대해 마음훈련이 돼 있다면 승패에 연연하지 않고 게임을 즐기는 단계로 나아갈 수 있습니다.

아이가 게임을 싫어한다고 단정 지어 보드게임을 회피하기보다 다양한 방식으로 접근해 본다면 조금씩 경쟁의 과정과 결과에 대한 긴장도를 낮출 수 있습니다.

🎲 집중력이 떨어지는 아이와 게임할 때

Q 우리 아이는 집중력이 안 좋아 한 가지를 꾸준히 하지 못합니다. 이런 아이에게 좋은 보드게임은 없을까요?

보드게임은 학습자의 흥미를 불러일으키고 아이의 집중력을 높일 수 있습니다. 집중력이 좋지 않은 아이에게 추천할 만한 게임과 관련 팁들을 소개합니다.

첫째, 규칙이 간단한 게임을 선택합니다.

게임 시간이 짧으면 집중력이 흐트러질 일이 적어 아이가 게임을 충분히 이해하고 성공적으로 수행할 확률이 높아집니다. 또 게임에서 승리하는 경험이 많아질수록 아이의 자신감을 키우고 집중력 또한 기를 수 있습니다. 아이가 가벼운 게임에 어느 정도 익숙해졌다면 점차 재미있고 복잡한 게임들도 시도해 보세요.

둘째, 시간 제한을 두고 게임을 합니다.

집중력이 부족한 아이는 한 번 플레이하는 데 10~15분이 넘어가는 게임을 힘들어하는 경향이 있습니다. 게임 규칙대로 끝까지 플레이하기보다 규칙을 변형해 시간 제한을 두거나 라운드 수를 줄여 좀 더 빨리 끝날 수 있도록 진행하면 좋습니다.

셋째, 주변에서 쉽게 볼 수 있거나 관심을 가지는 주제의 게임을 선택합니다.

보드게임의 주제는 지리, 역사, 문화, 우주, 판타지 등 다양합니다. 그중 아이가 관심을 갖는 주제의 게임을 시도한다면 자연스럽게 집중력을 키울 수 있습니다. 게임 자체의 재미에 빠져 아이가 몰입하는 모습도 볼 수 있습니다.

이처럼 다양한 방법을 활용해 아이의 집중력을 높이면서 보드게임을 즐기도록 이끌어 주세요.

🎲 학습과 발달이 느린 아이와 게임할 때

Q 우리 아이는 또래보다 학습과 발달이 다소 느린 아이입니다. 보드게임을 하면 규칙을 잘 이해하지 못하고 연산이나 사고력이 부족하다 보니 보드게임을 재미있게 즐기지 못합니다.

보드게임은 추상적 개념을 시각화하고 이해하는 데 도움을 주며 문제해결력과 전략적 사고를 촉진합니다. 배움이 느린 아이에게도 적극적으로 권장됩니다. 다른 아이들보다 다소 느린 아이는 어떤 보드게임을 선택하면 좋을지, 어떻게 게임을 진행하면 좋을지에 관한 팁들을 소개합니다.

첫째, 참가자의 실력보다 운이 게임의 승패에 더 크게 작용하는 게임을 선택해 보세요.

순발력으로 게임의 승패가 갈리는 게임이나 전략이 필요한 게임을 할 때는 다른 아이보다 느린 아이가 질 확률이 큽니다. 누구나 비슷한 확률로 이길 수 있는 게임을 먼저 시도해 보세요. 뱀사다리 게임처럼 규칙이 단순한 주사위 게임이나 우노처럼 쉬운 카드게임, 루핑루이, 서펜티나처럼 간단한 게임

이 좋습니다.

둘째, 게임의 규칙에 단계적으로 익숙해지도록 도와주세요.

초등학교 저학년이 주요 타깃인 게임도 규칙이 여러 가지인 경우가 많습니다. 처음부터 온전히 규칙대로 게임을 한다는 생각을 버리고 가장 필수적인 규칙만 하나씩 적용해 게임에 익숙해지도록 도와주세요. 여러 번의 게임을 통해 기본 규칙을 이해했다면 그다음 규칙을 추가로 제시하는 방식으로 단계적으로 진행합니다. 어느 정도 전략을 세워 게임을 할 수 있는 단계가 됐다면 그때부터는 친구들과 함께 게임을 할 수 있게 해주세요.

셋째, 게임의 승리 규칙을 조정할 수도 있습니다.

할리갈리 컵스나 우봉고를 할 때 누가 먼저 성공했는지에 따라 승패를 가리지 않아도 됩니다. 일정 시간 안에 완성하면 모두 점수를 얻는 방식으로 진행하면 아이가 자신만의 속도로 조금 느긋하게 게임에 참여하며 게임을 즐길 수 있습니다.

🎲 수준 차이가 나는 형제자매간에 게임할 때

신나게 시작했던 보드게임이 아이의 울음으로 끝난 경험은 부모라면 누구나 한 번쯤 있을 겁니다. 서로 실력 차이가 있을 때 이기는 사람은 늘 이기고 지는 사람은 늘 지는 결과가 반복되기 마련이죠. 매번 지는 입장에서는 보드게임을 하고 싶어도 또다시 패배로 끝나 버리면 너무 억울하고 속상합니다. 부모와 아이, 형제자매 등 플레이어 간에 수준 차이가 크게 날 때는 어떻게 해야 보드게임을 더 재미있게 할 수 있을까요?

첫째, 달성 목표를 수정합니다.

형제자매 중에서 동생은 아무래도 발달 단계가 형보다 낮다 보니 근육이나 인지적 측면 등 모든 면에서 불리할 수밖에 없습니다. 반면 형 입장에서도 언제나 이기기만 한다면 재미가 없을 겁니다. 이럴 때는 서로의 달성 목표를 다르게 설정하면 좋습니다. 만약 규칙이 쉬운 게임이라면 형이 달성할 목표는 좀 더 어렵게, 규칙이 어려운 게임이라면 동생이 달성할 목표는 쉽게 바꿔 주면 됩니다.

둘째, 핸디캡이나 어드밴티지를 줍니다.

형의 경우 오른손이 아닌 왼손으로 공을 굴린다거나, 동생에게는 기회를 두 번씩 더 준다거나 하는 식으로 서로의 실력을 고려해 핸디캡 또는 어드밴티지를 줄 수 있습니다. 모두의 마블 같은 보드게임에서 동생에게 월급이나 초기 비용을 더 많이 주는 것이죠. 같은 목표를 달성하되 방법의 난이도를 조

절한다면 함께 즐길 수 있습니다.

셋째, 규칙을 단순화합니다.

동생이 이해하기 어려운 복잡한 게임의 경우에는 규칙을 단순화해 보세요. 게임의 핵심 규칙은 살리고 게임 진행에 큰 지장이 없다면 헷갈릴 수 있는 세부 규칙은 과감히 제외해도 됩니다. 예를 들어 티켓 투 라이드에서는 기차 조각과 기차역 조각을 사용하는데 처음에는 기차 조각만 사용해서 게임을 시작합니다. 아이가 게임에 익숙해지면 원래의 규칙을 적용해 기차역 조각을 넣어 플레이합니다. 이렇게 단계별로 게임을 익히면 모두가 규칙을 정확히 이해하는 데 도움이 됩니다.

넷째, 팀플레이를 자주 합니다.

게임을 할 때 서로 경쟁하는 게임만 하지 말고 형제가 한 팀이 될 수 있는 보드게임을 하면서 서로 협력하고 도와주는 경험을 하게 해주세요. 협업하는 능력도 기르고 형이 동생을 도와주고 지원하는 과정에서 협력적인 분위기를 조성할 수 있습니다. 모두 같은 결과를 얻기 때문에 승패의 충격을 완화하는 효과도 있습니다.

보드게임의 목표를 공동으로 달성하는 식으로 수정해 바로 적용해 볼 수도 있습니다. 예를 들어 텀블링몽키에서 막대를 다섯 개만 남기고 원숭이 열 살리기, 서펜티나에서 랜덤으로 뽑은 카드 서른 장으로 가장 긴 뱀 만들기처럼 기존 게임의 승리 규칙을 변형하면 됩니다. 또한 5분 마블, 더 로봇, 더 마인드, 스페이스 크루와 같이 협력형 게임으로 출시된 게임을 활용해도 됩니다.

5장

승패에 집착하기보다 함께
즐기는 아이로 키우는 법

보드게임을 좋아하는 아이를 위해 함께 게임을 하는 부모가 많을 겁니다. 이 책을 보고 있는 부모라면 더욱 그럴 것이고요. 처음에는 즐거운 마음으로 시작했다가도 아이가 게임에서 지면 우는 것은 기본이고 보드를 뒤집어엎거나 구성품을 집어던지는 모습을 보며 힘들어하는 부모도 있을 겁니다. 이런 경우 대개는 아이에게 져주는 경우가 많습니다. 과연 아이의 기분을 위해 부모가 일방적으로 져주는 것이 맞는 걸까요?

공정한 게임을 위한 3가지 규칙

첫째, 우리 가족의 즐거움을 위해 져주지 마세요.

보드게임을 하는 여러 목적 중에는 긍정적 상호작용을 나누는 것도 포함됩니다. 단순히 '아이가 좋아해서 같이 게임을 하는 것'이 아니라 부모도 '함께 즐길 수 있을 때' 진정한 즐거움을 느낄 수 있습니다. 만약 부모가 아이에게 계속 져주기만 한다면 게임은 여가라기보다 일이 돼 버립니다. 게임을 즐기고 싶은 아이와 일처럼 느끼는 부모, 과연 행복할 수 있을까요?

둘째, 친구와의 관계를 위해서 져주지 마세요.

부모가 계속 게임을 져주는 아이는 자신이 이기는 것을 당연하게 생각합니다. 친구와 게임을 할 때도 자신이 이겨야 한다는 생각에 마음대로 되지 않으면 카드를 구겨 버리거나 주사위를 집어던지기도 합니다. 심지어 게임 규칙대로 하는 친구에게 반칙이라고 시비를 걸거나 자신은 규칙을 어기지 않았다며 우기는 식의 상황이 반복됩니다. 보드게임뿐만 아니라 간단한 놀이 활동에서도 똑같은 모습을 보일 수 있습니다. 예를 들어 빙고 게임을 할 때 게임판에 숫자를 미리 쓰지 않고 상대방이 부를 때 몰래 적거나 학급 전체가 가위바위보를 할 때 선생님이 보지 않으면 슬쩍 바꾸는 식입니다. 이런 행동이 반복되면 점점 친구들 사이에서 함께 놀기 싫은 친구가 되고 맙니다.

셋째, 보드게임에서 피해야 할 요소를 기억하세요.

우선 게임 내내 점수를 계속 확인할 수 있는 경쟁 게임은 좋지 않아요. 아이가 계속 점수를 신경 쓰면 게임의 즐거움을 느끼기 어렵습니다. 게임 중간에 점수 차이가 크게 벌어지면 게임에 진 것처럼 행동할 수도 있습니다. 상대의 말을 잡거나 카드를 빼앗아 오는 방식의 게임들도 피해야 합니다. 아이가 잡고 빼앗는 것에만 집중하면 부정적인 행동으로 이어질 가능성이 큽니다.

🎲 우리 아이 맞춤형 게임 선택법 3가지

첫째, 협력 게임이 가장 좋습니다.

경쟁 게임에서 부모가 아이를 도와주면 엄마가 봐주려 한다거나 져주려 한다는 식의 부정적 느낌이 크게 들 수 있습니다. 협력 게임도 성공과 실패가 나뉘므로 게임에서 실패하면 아이가 부정적 행동을 할 수 있습니다. 하지만 협력 게임은 우리의 성공이 주 목적이기 때문에 서로 도움을 주고받는 과정이 자연스럽게 이뤄집니다. 경쟁 게임에서 아이가 졌을 때 부모가 위로를 해

주면 승자가 패자를 다독이는 것처럼 느껴질 수 있습니다. 반면 협력 게임은 실패하더라도 다 같이 실패한 것이므로 "아쉽지만, 우리 잘한 것 같아." "게임 재미있었다." "다시 한번 도전해 볼까?"와 같은 긍정적 피드백을 해줄 수 있습니다. 긍정적 상호작용이 가장 큰 장점인 협력 게임을 아이와 함께해 보세요.

둘째, 1인 게임을 추천합니다.

1인 게임은 평소 조용하고 평온하다가도 게임만 시작하면 승부욕이 끓어오르는 아이에게 잘 맞습니다. 1인 게임도 여러 방식으로 나뉩니다. 가상의 대상을 정해 경쟁하는 방식보다는 개인의 성공과 실패를 다루는 게임이 더 좋습니다. 아이는 게임을 반복하면서 더 높은 점수를 얻어 성취감을 느낄 수 있습니다. 부모가 아이의 눈치를 보며 함께 게임에 참여하지 않아도 된다는 장점도 있습니다.

셋째, 아이가 좋아하는 게임의 규칙을 바꿔 보세요.

경쟁 게임도 조금만 생각을 바꾸면 공동의 목표를 설정해 협력 게임처럼 활용할 수 있습니다. 게임의 박진감 면에서는 경쟁 게임보다 조금 떨어져도 부모와 함께 평소 익숙하고 좋아하던 게임을 하며 얻는 성공의 기쁨도 꽤 큰 만족감을 줍니다. 함께 게임을 하는 즐거움, 서로 도와주며 성공하는 즐거움을 느끼다 보면 어느새 승패보다는 게임 자체를 즐기고 있는 아이를 만날 수 있습니다.

🎲 놀이의 최고 고수가 되는 5단계

아이가 놀이나 보드게임을 하며 발달해 나가는 모습을 단계별로 살펴보겠습니다. 여기서 제시하는 것은 이론적인 내용이므로 실제 아이의 성향이나 발달 속도에 따라 개인차가 있다는 것을 이해해야 합니다. 아이가 다음 단계로 나아갈 수 있도록 옆에서 도움을 주는 데 참고하는 정도로 활용하길 바랍니다.

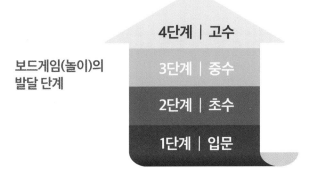

보드게임(놀이)의
발달 단계

4단계 | 고수
3단계 | 중수
2단계 | 초수
1단계 | 입문

1단계, 입문

혼자 놀 때든, 친구와 놀 때든 아이가 자신의 놀이에만 집중하는 시기가 있습니다. 그러던 아이가 친구와 상호작용을 하기 시작했다면 보드게임을 꺼내도 좋습니다. 하지만 아직까지는 자기중심적인 모습이 남아 있을 수 있습니다. 부모나 친구와 함께 게임을 하다가도 게임의 규칙을 지키지 않고 자신이 하고 싶은 대로 한다거나 이기는 것에만 집착할 수 있는 단계입니다.

이때 가장 많이 볼 수 있는 행동은 떼쓰고 울기, 규칙 어기기, 게임 방해하기 등이 있습니다. 예를 들어 개구리 사탕먹기를 하다가 자신이 질 것 같으면 연못의 사탕을 손으로 빼내거나 다른 사람이 먹은 사탕을 가져올 수 있으니 옆에서 잘 살펴봐야 합니다.

입문 단계에서는 규칙이 쉬운 보드게임을 선택해 하나씩 설명해 주고 아이가 규칙을 제대로 이해했는지 확인해야 합니다. 부모가 시범을 보여 주고 아이가 따라 하도록 연습시키면 좋습니다. 게임 중에 잘못된 행동을 한다면 분명하게 알려 주고 부정적 감정을 해소할 수 있는 나은 방법을 제시해 줘야 합니다.

2단계. 초수

아이가 떼쓰고 우는 행동을 멈추고 규칙을 지키며 게임을 하기 시작하는 단계입니다. 규칙은 반드시 지켜야 하는 것이라는 생각이 강해집니다. 따라서 함께 게임을 하는 사람이 규칙을 지키지 않는다며 스트레스를 받기도 합니다. 이때는 규칙을 잘 모르는 사람에게 어떤 도움을 줄 수 있는지에 대해 함께 이야기를 나누면 좋습니다. 또한 규칙은 상황에 따라 바뀔 수 있다는 것을 알려 줘야 합니다. 자신에게 피해를 주는 상황이 아니라면 규칙에 대해 알려 주되 상대방에게 화를 내거나 스트레스를 받을 필요는 없다고도 이야기해 주세요.

3단계. 중수

규칙을 잘 지키며 보드게임 자체를 즐길 수 있는 단계입니다. 3단계에 접어든 아이는 1~2단계를 거치며 경험을 쌓아 자신만의 전략을 세워 게임을 할 수 있습니다. 이때가 되면 함께할 수 있는 게임의 종류도 많아집니다. 또 부모가 봐주지 않고 진심으로 게임을 해도 아이가 이길 수 있는 단계이기도 하죠. 가족 모두 본격적으로 게임을 즐길 수 있는 단계입니다. 다양한 보드게임을 접하며 자신의 흥미와 적성을 찾을 수 있게 도와주세요!

4단계. 고수

자신만의 가정으로 전략을 세우고 실행하며 집중할 수 있는 시간이 늘어나 복잡한 전략 게임도 할 수 있는 단계입니다. 고수 단계에 접어든 아이는 스스로 상대방의 입장을 배려하고 양보할 줄 알며 자신의 승리가 아닌 공정한 게임을 위해 규칙을 바꿀 줄 압니다. 추상적 사고력의 발달을 위해 다양한 전략을 세울 수 있거나 깊이 있는 대화를 할 수 있는 보드게임을 추천합니다.

보드게임의 발달 단계는 아이의 발달 단계별 특징을 보드게임(놀이)와 연결시켜 정리한 것입니다. 아이의 개별 특성에 따라 실제로는 많이 다를 수 있습니다. 하지만 아이의 발달 속도가 빠르든 느리든 아이가 긍정적인 방향으로 성장하는 것이 중요합니다.

'한 아이를 키우려면 온 마을이 필요하다'라는 아프리카 속담이 있습니다. 그만큼 관심과 노력, 사랑이 필요하다는 말입니다. 하지만 현대사회에서는 말처럼 쉽지 않은 일입니다. 가족과의 대화도 부족한 아이들이 많은 것이 현실입니다. 이 글을 읽고 아이와의 대화가 부족했다고 생각된다면 함께 보드게임을 해보길 바랍니다. 자연스럽게 웃고 이야기를 나누면서 아이가 무엇을 좋아하는지, 어떤 생각을 하는지를 알게 될 것입니다.

6장

보드게임을 즐기기 위한
최소한의 준비

🎲 인원, 장르, 시간을 파악하세요

아이에게 적합한 보드게임을 고를 때 몇 가지를 주의해야 합니다. 그냥 재미있어 보인다거나 남들이 재미있다고 하는 것을 선택하면 낭패를 보기 십상입니다. 다음은 보드게임을 선택하기 전에 생각해야 할 중요한 요소입니다.

1. 주로 몇 명이 모여 게임을 하나요?

가장 먼저 고려해야 할 요소는 게임을 할 수 있는 인원입니다. 너무나 당연하지만 놓치기 쉬운 부분입니다. 보드게임마다 게임에 참여할 수 있는 권장 인원이 다릅니다. 일부 게임은 두 명 이상, 다른 게임은 다섯 명 이상이 돼야 제대로 즐길 수 있습니다. 보드게임을 하기 전에는 반드시 게임 참여 가능 인원과 모일 수 있는 인원을 미리 파악해야 합니다.

❶ **1~2명인 경우:** 보통 전략적인 게임이나 카드 게임이 많습니다. 러시아워, 그래비트 랙스, 체스, 바둑, 오셀로, 그레이트 킹덤, 아발론 클래식, 세븐원더스 듀얼, 스플렌더 대결 같은 게임이 있습니다.

❷ **3~4명인 경우:** 대부분의 보드게임이 3~4명이 모였을 때 가장 재미있습니다. 루미큐브, 할리갈리, 블로커스, 블리츠, 노터치 크라켄, 카탄 등입니다.

❸ **5명 이상:** 파티 게임이나 협력 게임이 적합합니다. 달무티, 텔레스트레이션, 한밤의 늑대인간, BBC 신비한 동물세계, 알려줘 너의 TMI, 딕싯 등입니다.

아이와 함께할 수 있는 적절한 인원수를 생각해 이에 맞는 게임을 선택하면 좋습니다.

2. 최근에 가장 재미있게 즐긴 게임은 어떤 장르인가요?

두 번째로 고려해야 할 요소는 게임의 장르입니다. 어떤 게임이 재미있을지 고민된다면 최근에 어떤 게임을 즐겁게 했는지 생각해 보면 좋습니다. 게임 장르에 따라 필요한 사고방식이나 행동방식이 달라지므로 아이가 선호하는 장르를 고려해야 합니다. 대표적인 파티 게임, 순발력 게임, 전략 게임, 탈출 게임을 살펴보면 다음과 같습니다.

❶ **파티 게임:** 게임 시간이 비교적 짧고 규칙이 간단해 여러 사람이 함께 즐길 수 있습니다. 라스베가스, 우노, 달무티 등이 있습니다.

❷ **순발력 게임:** 빠른 판단력과 반응 속도가 필요한 게임입니다. 할리갈리, 도블, 프렌즈 캐치캐치 등이 있습니다.

❸ **전략 게임:** 규칙이 잘 짜여져 있어 다양한 전략을 세워 진행하는 게임입니다. 체스, 티켓 투 라이드, 스플렌더, 카르카손 등이 있습니다.

❹ **탈출 게임:** 퍼즐을 풀고 힌트를 찾아 탈출하는 게임입니다. 언락 시리즈, 엑시트 시리즈, 이스케이프 룸 등이 있습니다.

최근에 어떤 게임을 가장 재미있게 했는지 생각해 보면 비슷한 장르의 게임을 선택하는 데 도움이 됩니다.

3. 보드 게임을 하는 시간은 얼마나 되나요?

마지막으로 가족들과 게임할 수 있는 시간을 고려해야 합니다. 게임을 하도록 정해진 시간 동안 짧게 끝나는 게임을 여러 번 즐길 수도 있고 오래 진행되는 게임을 한 번만 할 수도 있습니다. 각 게임마다 플레이 시간이 다르므로 얼마나 많은 시간을 할애할 수 있는지를 생각하는 것이 좋습니다.

❶ **플레이 시간이 짧은 게임:** 15분 이내에 끝나는 게임입니다. 빠른 템포로 여러 번 즐길 수 있습니다. 도블, 루핑루이, 러브레터 등이 있습니다.

❷ **중간 정도의 게임:** 20분에서 40분 정도 걸리는 게임입니다. 루미큐브, 카탄의 개척자, 스플렌더 등이 있습니다.

❸ **플레이 시간이 긴 게임:** 40분 이상 걸리는 게임입니다. 깊이 있는 전략과 계획이 필요한 게임입니다. 티켓 투 라이드, 크베들린부르크의 돌팔이 약장수, 부루마불 등이 있습니다.

보드게임을 선택할 때는 위의 세 가지 요소를 고려합니다. 게임에 참여할 적절한 인원수, 아이가 선호하는 게임 장르 그리고 적당한 플레이 시간을 모두 고려해 선택하면 모두가 즐겁고 만족스러운 시간을 보낼 수 있습니다.

🎲 부모는 게임의 중재자가 돼야 합니다

아이와 함께 보드게임을 하며 가족 간의 즐거운 분위기를 만들고자 할 때 부모가 어떻게 분위기를 조성하고 아이들을 이끌어 가는지가 매우 중요합니다. 아이와 함께하는 상황에 부모의 기분이나 태도가 고스란히 녹아들기 때문입니다. 어떻게 분위기를 잘 이끌어 갈 수 있을까요?

우선 긍정적인 분위기를 조성해야 합니다. "와! 이 게임 정말 재밌겠다!"와 같은 말로 보드게임에 대한 기대를 높일 수도 있고 "저번에 사랑이가 이겼는데 이번엔 엄마가 다시 도전해 보겠어!"라는 말처럼 에너지 넘치는 분위기를 고조시킬 수도 있습니다. 모두 즐거운 마음으로 게임에 참여할 때 재미는 배가 됩니다. 따라서 긍정적인 에너지를 갖고 시작한다면 이미 절반은 성공입니다.

이제 게임 상자를 열어 볼까요?

1. 게임의 규칙은 자유롭게 바꿔도 됩니다.

게임을 시작하기 전, 가족이 모두 규칙을 명확히 알 수 있도록 합니다. 모두 함께 규칙 설명서를 읽어 익혀도 좋고, 유튜브 영상으로 살펴볼 수도 있습니다. 헷갈리는 규칙이 있다면 부모가 같이 찾아보거나 설명해 줄 수도 있습니다.

게임의 규칙을 이해했다면 다음으로 게임의 목표가 무엇인지, 자신의 차례에 어떤 행동을 해야 하고 어떻게 해야 승리할 수 있는지 살펴보고 넘어가는 것이 좋습니다. 꼭 정해진 규칙대로 플레이하지 않아도 됩니다. 가족만의 변형된 규칙을 정해 플레이하는 것도 매우 좋은 방법입니다. 단, 서로가 합의된 규칙을 사전에 정확히 알려 줘야 합니다.

게임을 하는 동안 부모는 모든 식구가 적극적이고 활발하게 참여할 수 있도록 독려해 주면 좋습니다. 아이의 방식을 존중해 주되 어려워하거나 놓치고 있는 것은 없는지 틈틈이 살펴봐야 합니다. 또한 식구들이 순서를 지켜 가며 게임을 하는지, 모두에게 공평하게 게임이 진행되고 있는지, 아이에게 너무 불리하진 않은지 점검해야 합니다. 만약 아이에게 불리하게 진행된다면 게임 도중에라도 가족 간의 합의를 거쳐 아이를 위한 어드밴티지를 주거나 일부 규칙을 수정할 수도 있습니다.

2. 게임은 게임일 뿐입니다.

게임을 하는 도중 가족 간에 갈등이 발생할 수도 있습니다. 갈등을 현명하게 중재하는 것도 부모가 해야 할 아주 중요한 역할입니다. 갈등은 상호작용 속에서 필연적으로 발생하기 마련입니다. 아이들의 사회성은 갈등을 통해 증진됩니다. 갈등이 생겼다고 두려워하지 말고 아이들이 사회성을 함양할 수 있는 좋은 기회라고 생각하세요. 가족 간에 합의된 규칙으로 게임을 하는 것이므로 아이는 게임을 통해 규칙을 지켜야 한다는 사실을 배울 수 있습니다.

게임을 하다 져서 분한 아이는 규칙을 통해 자신의 감정을 다스리는 능력을 배울 수도 있습니다. 만약 아이가 자신의 분에 못 이겨 선을 넘는 말이나 행동을 한다면 단호하게 알려 주세요. 단 "이럴 거면 보드게임 하지 마!" "이거 갖다 치워!"와 같이 부정적인 말을 하거나 부모가 도리어 화를 내는 등의 우를 범하지 않도록 주의하세요.

3. 아이의 실력을 칭찬해 주세요.

또 게임을 마쳤을 때, 아이들의 성장이나 노력을 인정하고 칭찬해 줘야 합니다. "와, 저번보다 실력이 많이 늘었다!" "아까 엄마 말 막은 것 진짜 대단하더라!"와 같은 긍정적인 피드백을 아이에게 해주면 좋습니다. 게임에 대한 서로의 감상평이나 재미있는 요소에 대해 이야기를 나눠 볼 수도 있습니다. 다른 게임과 비교해도 좋고, 어떻게 하면 승률이 높아질지, 어떤 점이 마음에 들었는지 등 게임과 관련해 긍정적인 것이든 부정적인 것이든 감상을 자유롭게 이야기하는 자리를 마련해 보세요. 서로의 취향이나 의견을 알 수 있고, 다음에 함께 즐길 보드게임을 고를 때에도 도움이 됩니다.

부모의 역할이 아이와 함께 보드게임을 하는 시간을 유익하고 즐겁게 만드는 데 매우 중요합니다. 부모가 긍정적인 분위기를 조성하고 잘 이끌어 준다면 아이는 즐거운 추억을 쌓는 동시에 사회적 기술과 다양한 능력을 향상시킬 수 있을 것입니다.

규칙을 지키되, 이럴 땐 바꿔 보세요

보드게임은 놀이를 넘어 아이의 발달에 중요한 역할을 합니다. 게임을 통해 교육적 효과를 극대화하려면 반드시 명확하고 일관된 규칙을 설정해야 합니다. 여기서는 규칙 설정의 중요성과 구체적인 방법들을 살펴보겠습니다.

1. 단계별로 규칙을 적용하며 설명해 주세요.

어린아이일수록 복잡한 규칙을 이해하지 못합니다. 처음에는 규칙 설명서에 있는 대로 하지 않아도 됩니다. 단순한 규칙을 설정해 아이가 게임에 익숙해진 다음 점차 복잡한 규칙을 추가해 나가는 방식이 좋습니다. 한 조사에 따르면 아이가 집중할 수 있는 최대 시간은 2세의 경우 7분, 4세의 경우 10분, 5~6세의 경우 12분, 초등 저학년의 경우 15~20분 정도라고 합니다. 따라서 규칙을 한꺼번에 설명하기보다 게임을 진행하는 도중에 필요한 시점마다 단계적으로 설명하면 아이가 자연스럽게 규칙을 익힐 수 있습니다.

> **예) 클루 보드게임의 경우**
> - **추리 과정 한정하기:** 어린아이와 함께할 때는 추리 과정을 단순화합니다. 예를 들어, "처음 몇 번의 추리 과정에서는 장소만 묻는다."와 같이 질문을 제한해 아이가 게임에 익숙해지도록 돕습니다.

2. 수준에 맞게 변형해 보세요.

아이의 나이와 이해도에 따라 규칙을 변형하는 것이 중요합니다. 예를 들어, 어린아이와 함께하는 게임에서는 게임 시간을 짧게 하거나 승패 조건을 단순화하는 것이 좋습니다. 3라운드 게임을 1라운드씩만 진행해도 게임의 재미가 반감되지 않습니다.

> **예) 카탄 보드게임의 경우**
> - **자원 거래 규칙 단순화:** 처음에는 자원 거래를 자유롭게 허용하고 아이가 게임에 익숙해지면 점차 거래 조건을 추가하는 방식으로 규칙을 조정합니다.
> - **자원 카드 배분 조절:** 게임 초기에는 자원 카드를 적게 배분해 게임의 복잡성을 줄이고 아이가 규칙에 익숙해지면 점차 자원 카드를 늘립니다.

게임 도중 아이가 규칙을 어렵게 느낀다면 상황에 맞게 규칙을 유연하게 변경해도 됩니다. 보드게임에서는 아이와 부모가 함께 게임을 즐기고 게임을 통해 아이가 성취감을 느끼는 것이 중요하다는 점을 잊지 마세요.

3. 한번 정해진 규칙은 일관되게 적용해 주세요.

아이는 부모의 일관적인 모습을 보며 편안함을 느낍니다. 만약 부모가 계속해서 다른 말을 하거나 규칙을 어긴다면 불안감을 느끼죠. 게임을 시작하기 전에 모든 규칙을 명확하게 설명하고 아이와 함께 확인하는 시간을 가진다면 게임을 진행할 때 겪을 혼란을 상당히 줄일 수 있습니다. 또한 게임을 시작한 후에는 규칙을 일관되게 적용해 공정성을 유지해야 합니다. 규칙을 바꾸고자 한다면 아이가 게임에 충분히 익숙해진 뒤에 바꿔야 합니다.

4. 대화와 놀이로 규칙을 설명해 보세요.

보드게임의 모든 요소를 먼저 세팅한 후 하나씩 보여 주면서 규칙을 설명하고 아이가 충분히 관찰하는 시간을 주면 효과적입니다. 아이가 더 재미있게 규칙을 배우고 게임에 몰입하도록 하고 싶다면 역할극이나 대화를 유도해 보세요. 예를 들어 티켓 투 라이드 게임을 한다면 "기차 여행을 간다면 어디로 가고 싶어?"와 같은 질문을 던집니다. 또 부모가 기차의 차장이 되어 캐릭터처럼 행동하고 규칙을 설명하면 아이가 더 흥미를 느낄 수 있습니다.

> **예) 티켓 투 라이드 보드게임의 경우**
> - **목표 카드 제한:** 처음 몇 번 게임을 하는 동안에는 아이가 받을 목표 카드의 수를 제한해 게임의 복잡성을 줄입니다. 아이가 게임에 익숙해지면 목표 카드 수를 점차 늘립니다.
> - **경로 설명:** 아이와 함께 게임 보드를 보며 주요 경로를 미리 설명해 주면 아이가 게임을 시작할 때 더 자신감을 가질 수 있습니다.

5. 규칙을 설정할 때 아이를 참여시켜 아이의 의견을 반영해 보세요.

규칙 설정에 아이가 참여하면 게임에 대한 흥미와 책임감이 높아집니다. 아이가 새로운 규칙을 제안하거나 기존 규칙에 대해 의견을 말할 때 귀 기울여 들어 주세요. 또 게임을 플레이한 후 아이와 함께 게임에 대해 이야기해 보고 아이가 생각한 규칙도 적용하는 시간을 가져 보세요. 게임에 대한 이해와 몰입을 높이고 아이에게 성취감을 줄 수 있습니다.

예) 할리갈리 보드게임의 경우
- **규칙 변경:** 한 과일의 수를 다섯 개로 맞춰야 하는 규칙을 바꿔서 하자고 의견을 제시하면 이를 반영해 게임을 즐깁니다.

아이와 함께 즐거운 시간을 보내고 교육적인 효과도 누리려면 명확하고 일관된 규칙 설정을 통해 아이가 게임을 즐기고 다양한 능력을 키울 수 있도록 도와야 합니다. 아이의 나이와 이해도에 맞게 규칙을 조정하고 아이의 의견을 존중하며 게임을 통해 아이와의 유대감을 강화해 보세요.

Column

보드게임을 구입하기 전
아이가 좋아할지 직접 해보고 싶어요

보드게임의 매력적인 디자인에 끌려 구매했다가 실제로 게임을 해보니 취향에 맞지 않을 때도 있습니다. 무턱대고 주문하다 보니 집 안 한 벽면을 가득 채우고도 남을 정도가 될 때도 있죠. 보드게임을 구입하기 전에 아이들이 좋아하는지를 살펴보려면 어떻게 해야 할까요? 조금만 발품을 팔면 다양한 방법으로 보드게임을 체험할 수 있습니다.

1. 보드게임 카페 방문하기

보드게임 카페를 방문하는 것이 가장 쉬운 방법입니다. 카페에 방문하면 실제로 게임을 해보면서 어떤 게임이 아이에게 재미를 주고 적합한지 확인할 수 있습니다. 카페 직원에게 게임 규칙에 대해 설명을 들을 수도 있고 아이 성향에 맞는 게임을 추천받을 수도 있습니다. 1인 요금은 시간당 대략 2~3천 원입니다.

2. 보드게임 행사 참여하기

코엑스나 SETEC, 각 지역의 대형 전시회장에서는 1년에 3~4번 정도 보드게임 행사가 열립니다. 다양한 게임 회사들이 마련한 부스에서 게임에 대한 설명도 들을 수 있고 직접 체험도 할 수 있습니다. 유아교육전에서도 보드게임 코너를 만날 수 있지만 보드게임 페스타는 그 야말로 보드게임이 중심인 행사이므로 게임의 종류나 수적인 부분에서 비교할 수 없습니다. 각 게임 회사의 베스트셀러 게임 및 신작 게임들을 직접 체험할 수도 있죠. 또 금액대별 선물 증정 이벤트나 다양한 할인 행사도 있어 각종 게임을 온라인 최저가보다 저렴하게 구

매할 수 있습니다. 반나절에서 한나절 코스로 가족 나들이로 다녀오기에도 좋은 규모이니 아이와 함께 가 보길 추천합니다. 대형 행사 외에도 작은 카페에서 소소하게 행사를 진행하는 경우가 있으니 각 게임 회사의 카카오톡 플러스 친구를 통해 관련 소식을 접해 보세요.

3. 보드게임 대여하기

온라인에서만 보드게임 소개를 보고 구매하기가 걱정된다면 보드게임을 대여해 경험해 보는 것도 좋습니다. 일부 지역 청소년 센터, 구청, 지역 센터에서 보드게임 대여 서비스를 제공하고 있습니다. 집 근처에 보드게임 카페가 없거나

보드게임 행사에 참여하기가 어렵다면 집에서 가까운 곳에 있는 지역 센터에서 보드게임을 대여해 아이들과 함께 구입 전에 경험해 보고 구매를 해도 좋습니다.

4. 온라인 보드게임 플랫폼 사용하기

온라인 보드게임 플랫폼에서는 보드게임을 무료로 체험해 볼 수 있는 기능을 제공합니다. 디지털 기기가 필요하다는 단점만 제외하면 집에서 손쉽게 보드게임을 체험해 볼 수 있습니다. 예를 들어 보드게임아레나(BGA)에서는 엄선된 다양한 보드게임과 카드게임을 즐길 수 있습니다. 온라인 보드게임 플랫폼이어서 전 세계의 플레이어와 실시간 및 턴 기반 게임

도 즐길 수 있습니다.

기본적으로 모든 게임을 무료로 즐길 수 있지만 프리미엄 게임으로 지정된 인기 게임의 경우 정액 요금제에 가입해야 합니다. 우측 상단의 별마크를 보면 알 수 있습니다.

아이와 함께하는 보드게임을 찾고 싶다면 상단 메뉴에서 파티게임, 가족게임을 선택하면 됩니다. 딕싯: 스텔라, 뱅 등 다양한 게임을 체험해 볼 수 있으니 구입하기 전에 체험해 보세요. 지원기기로는 PC / Mac, iOS와 안드로이드, 스마트폰, 태블릿, Wii U, 플레이스테이션, Xbox One 등이 있습니다.

2부

공부와 재미까지 모두
잡아 주는 추천 보드게임 56

1장

4~7세, 한글과 숫자를
취학 전에 마스터하자!

🎲 미취학 우리 아이를 위한 보드게임

함께 성장하는 기쁨

"으앙~ 나 안 해!!" 아이와 함께 보드게임을 하면 어김없이 울음으로 끝나곤 하는 경험, 아마 다들 해보셨으리라 생각합니다. 보드게임을 좋아하는 엄마 덕분에 만 3세 때부터 보드게임에 입문(?)한 저희 아이도 그랬습니다.

물론 아이가 어릴 적에는 규칙이나 이기고 지는 개념 자체를 잘 모릅니다. 토끼가 그려진 카드를 물어뜯거나 게임 타일이 마음에 든다고 주머니에 넣어 어린이집에 가져가는 등 보드게임을 장난감처럼 가지고 놀곤 했습니다. 만 4세쯤 되니 아이가 규칙을 점차 지킬 줄 알게 됐습니다. 그때부터 정식으로 게임을 함께하기 시작했죠. 아이는 게임을 하다 자신이 지면 분에 못 이겨 대성통곡을 하기도 하고 보드게임을 발로 차서 혼도 났습니다. 남편과 저는 아이를 위해 몇 번씩 져주기도 했습니다. 하지만 아이가 너무 이기는 경험만 해서는 안 되니 지는 경험도 시켜주겠다(!)는 명목으로 늘 아이를 상대로 열심히 보드게임을 하곤 했습니다.

아이는 이제 만 6세가 됐습니다. 만 4,5세 때도 아이와 보드게임을 함께 즐겼지만 확실히 만 6세가 되니 정말 '플레이어'와 게임을 하는 느낌이 들 정도로 실력이 많이 늘더군요. 작년에는 어린아이들을 대상으로 출시된 쉬운 버전의 루미큐브 보드게임인 루미큐브 마이 퍼스트를 알려 주고 함께하려다 포기했는데 이제는 오리지널 루미큐브 보드게임으로도 웬만한 성인만큼의 실력으로 플레이해 깜짝 놀랐습니다. 루미큐브를 연습한 것도 아니고 작년에 포기한 뒤에 처음으로 꺼내 왔을 뿐인데 말이죠.

부모는 항상 아이가 크는 모습을 온 신경으로 느끼고 있다고 하죠. 보드게임을 하며 아이의 실력이 눈에 띄게 성장하는 것을 보니 감회가 새로웠습니다. 실제로 보드게임을 하면서 아이가 세우는 전략의 수준도 점차 높아지고 추상적인 단어를 사용하는 빈도나 실력도 꽤 늘었습니다. 간단한 규칙서는 혼자 읽고 해석하기도 합니다. 추리 보드게임을 할 때 나름의 논리력도 향상된 것이 느껴집니다. 물론 아이의 생물학적 발달 덕분이기도 하지만 아무래도 보드게임 환경에 자주 노출된 것이 촉진제가 되었음을 몸소 느끼고 있습니다.

이제 친척들이 모이면 아이는 평소 자신이 좋아하던 보드게임을 가지고 가서 직접 규칙을 설명하기도 합니다. 직접 해봤을 뿐만 아니라 자신이 좋아하는 것이니 여러 사람 앞에서 자신 있게 얘기할 수 있는 소재가 되기 때문입니다. 아이 스스로도 설명하면서 뿌듯함을 느끼고 그동안 몰랐던 규칙을 확실히 알게 되기도 합니다.

물론 아직 많이 어려서 게임에서 지면 아직도 입을 삐죽이며 울먹거리다가 '으앙~' 하고 눈물을 쏟아 내곤 합니다. 그래도 예전과 비교하면 그 빈도가 많이 줄었고 자기감정을 조절하는 능력도 많이 늘었습니다. 아이의 속상한 마음을 위로해 주고 토닥여 주려고 할 때 자기 방에 들어가 마음을 좀 가라앉히고 오겠다는 말도 할 정도로 자란 걸 보면 참 기특할 따름입니다.

아이와 단둘이 어떻게 놀아 줄지 매번 고민하던 남편에게도 치트키가 생겼습니다. "가서 하고 싶은 보드게임 가져와." 이 한마디면 아이는 신이 나서 보드게임을 두세 개씩 가져옵니다. 그리고 아이와 함께 모두 모여 보드게임을 하다 보면 서로에 대해 몰랐던 면도 알게 되고 가족 관계가 한층 더 친해진다는 느낌을 받습니다. 이렇듯 아이와 함께하는 보드게임은 단순한 놀이를 넘어서 가족 간의 유대감을 강화하는 중요한 역할을 합니다.

무엇보다 아이는 보드게임을 통해 규칙을 지키는 법, 승패를 경험하며 인내심과 감정 조절 등을 배웁니다. 부모 또한 아이의 성장과 변화를 눈으로 확인하며 감동을 느끼고 서로에게 더 가까워지는 시간을 보낼 수 있습니다. 여러분의 가족도 이번 주말에는 새로운 보드게임을 시도해 보며 즐거운 시간을 가져 보세요. 그럼 이제부터 보드게임 속으로 온 가족이 빠져들어 봅시다.

🎲 이 책을 읽는 법

2부의 첫 장에서는 미취학 아동의 수준에 맞는 스테디셀러 보드게임들을 재미보장 보드게임과 공부머리 보드게임의 두 기준으로 나누어 소개합니다.

재미보장 보드게임에는 아이들이 직접 눈으로 보고 만질 수 있는 구체물로 이뤄진 게임들이 많습니다. 아기자기한 구성물로 조작 활동을 하며 말 그대로 재미를 추구하는 보드게임 중 인기 있는 것들 위주로 선정했습니다.

공부머리 보드게임은 한글, 영어 단어, 수 가르기와 모으기 등의 인지 활동을 기반으로 게임에서 승리할 수 있다는 공통점이 있습니다. 자연스럽게 학습 효과를 기대할 수 있는 게임들입니다. 예를 들어 라온 시리즈는 자음과 모음을 조합해 한글 학습에 도움이 되며 아이 씨 10!은 수학 수 가르기와 모으기, 덧셈 학습에 효과적입니다. 셈셈 수놀이 역시 가르기와 모으기를 비롯한 수 개념 학습에 효과가 있으며 징고는 유아 수준의 간단한 영어단어 학습에 도움이 됩니다.

미취학 아동과 보드게임을 할 때는 이런 점을 주의하세요.

첫째, 안전에 주의를 기울입니다. 게임에 포함된 작은 부품을 아이들이 실수로 삼키면 목에 걸릴 위험이 있으므로 주의를 기울여야 합니다. 구강기가 지난 아이들도 장난으로 입에 작은 구체물을 넣는 경우가 많으니 조심하세요.

둘째, 규칙은 단순해야 합니다. 이 책에서는 해당 연령대의 아이들이 좋아할 만한 게임을 추천하고 있습니다. 그래도 각 아이의 발달 단계에 따라 조금 어려울 수도 있습니다. 만약 아이가 아직 규칙을 완벽하게 이해하기 어렵다면 규칙을 조금 단순화해서 진행하고 게임에 익숙해지면 원래의 규칙을 적용해 봅니다.

셋째, 경쟁보다는 협동을 강조하는 게임이 좋습니다. 경쟁이 너무 심한 게임은 아이에게 스트레스를 줄 수 있습니다. 발달 정도에 따라 게임 능력에서 차이가 나므로 협동 게임을 우선적으로 해보고 충분히 게임 능력을 갖췄다고 판단될 때 경쟁 게임을 해보는 것을 추천합니다.

넷째, 플레이 시간이 짧은 게임을 선택합니다. 미취학 아이들은 집중할 수 있는 시간이 짧으므로 게임 시간이 너무 길면 좋지 않습니다. 10~15분 내외의 시간이 적당합니다.

다섯째, 게임 중에 지거나 실수를 했을 때 아이가 감정을 잘 조절할 수 있도록 도와줍니다. 아직은 감정조절 능력이 미숙한 나이이므로 게임에서 지면 화를 내며 울거나 기물을 집어던지는 등의 행동을 하기도 합니다. 아이가 자기감정을 소화할 수 있도록 도와주되 물건을 던지거나 부수는 등 아이가 해서는 안 되는 행동이 있다면 단호하게 알려 주세요. 아이가 반복적으로 경험을 하다 보면 사회성과 감정조절 능력을 배울 수 있습니다.

미취학 아동과 보드게임을 함께하면 이런 점이 좋아요.

첫째, 아이의 사회성을 발달시킬 수 있습니다. 함께 문제를 해결하고 목표를 달성하며 협력의 중요성을 배울 수 있고 순서와 규칙을 지키는 방법도 익히게 됩니다. 또한 승리와 패배를 경험하며 긍정적인 경쟁과 양보하는 태도를 배울 수 있어요.

둘째, 아이의 인지적 발달을 촉진할 수 있습니다. 게임 규칙을 기억하고 전략을 세우는 과정을 통해 기억력을 키우게 되고 게임 속 문제를 해결하고 계속 도전하면서 논리적 사고와 문제해결력을 기를 수 있습니다. 또한 게임에 집중하며 주의 집중 시간도 늘어나 집중력도 강화할 수 있습니다.

셋째, 아이의 정서적 발달에 도움이 됩니다. 미취학 아동은 아직 감정을 조절하는 데 매우 서툽니다. 따라서 게임 중 다양한 감정을 경험하고 해결하면서 이를 조절하는 법을 배웁니다. 또한 게임을 통해 성취감을 느끼며 자신감을 키울 수도 있고 놀이를 통해 스트레스를 해소하고 즐거움을 느끼게 됩니다.

넷째, 교육적 효과를 얻을 수 있습니다. 게임을 하기 위해 숫자, 색깔, 모양, 글자 등 다양한 기본 개념을 학습하게 되고 게임 중 대화를 나누며 언어 발달도 촉진할 수 있습니다. 또한 다양한 상황을 상상하고 창의적으로 문제를 해결하며 창의력과 상상력도 기를 수 있습니다.

다섯째, 가족과 행복한 시간을 함께할 수 있습니다. 소중한 가족과 함께 소소하고도 행복한 시간을 하루하루 쌓아 가는 것, 함께 까르르 웃으며 서로 유대감을 쌓는 경험을 하는 것이 바로 가장 큰 장점입니다.

미취학　재미보장 **보드게임 TOP 7**

루핑루이

날아라~비행기!

- ⚙ **인원:** 2~4인
- ⏱ **시간:** 5~10분
- ♡ **키워드:** #순발력 #민첩성 #협응력 #내닭지켜!

장난꾸러기 비행기 루이에게서 닭을 지켜라! 루핑루이는 날아다니는 비행기로부터 자신의 닭을 지키는 게임입니다. 게임 시간이 짧고 규칙이 간단해 남녀노소 누구든 게임을 빠르게 익히고 재미있게 즐길 수 있습니다. 집에 친구들이 놀러 왔을 때, 학교에서 쉬는 시간용으로 인기 만점인 게임입니다. 한번 즐겨 보실까요?

게임설명 **누름판으로 비행기를 튕겨 자신의 닭을 지켜요!**

시작 버튼을 누르면 루이의 비행기가 가운데에서 자동으로 빙글빙글 돌아갑니다. 비행기가 닭 토큰을 건드리면 토큰이 떨어져 버리니, 토큰을 지키기 위해서 비행기가 자신의 농장 근처로 오는 적절한 타이밍에 자신의 누름판을 누릅니다. 마지막까지 자신의 닭 토큰을 남긴 사람이 승리합니다.

게임방법을
영상으로 살펴보세요.

루핑루이를 더 재미있게 즐기는 방법

 누름판을 누르는 세기에 따라 비행기가 튕기는 정도가 달라 비행기가 어디로 튈지 모르는 재미가 있습니다. 누름판을 너무 세게 누르다 자신의 닭 토큰이 저절로 떨어져 버리는 어이없고 웃긴 상황이 발생하기도 한답니다.

게임에 익숙해지면 누름판의 끝부분을 세로로 돌려 보세요. 누름판과 비행기의 닿는 면적이 좁아져 게임을 좀 더 흥미진진하게 즐길 수 있습니다.

 혹시 닭 토큰을 한 개 잃어버렸다면 모든 참가자가 닭 토큰 두 개씩으로 시작하거나 지난 게임에서 1등한 사람이 닭 토큰 두 개로 시작하는 것도 좋은 방법입니다. 참고로 게임회사 공식스토어에서 닭 토큰 추가 구매가 가능합니다.

루핑루이가 마음에 드셨다면?

스릴팡

폭탄구슬이 깔대기를 지나 내려올 때 자신의 구슬도 내려 보냅니다. 누르는 타이밍에 따라 점수 또는 감점을 받는 스릴만점 게임입니다.

할리갈리

같은 종류 다섯 개가 모이면 종을 치는 게임으로 관찰력과 순발력이 중요한 게임입니다. 다양한 버전이 있으니 취향껏 고르세요.

상어 아일랜드

상어에게 잡히지 않게 주사위를 굴려 자신의 말을 빨리 움직이면서 금화를 집는 스피드 게임입니다.

개구리 사탕먹기

개구리들의 사탕 쟁탈전

- ⊚ **인원:** 2~4인
- ⊙ **시간:** 5~10분
- ◇ **키워드:** #순발력 #소근육발달
  #사탕모으기 #실시간게임

개구리 연못에 알록달록 사탕이 가득합니다. 사탕을 먹기 위해 모여든 개구리들, 늦으면 다른 개구리들이 사탕을 모두 가져가 버릴지 모릅니다. 개구리 사탕먹기는 욕심쟁이 개구리들이 폴짝폴짝 뛰며 사탕을 모으는 게임으로, 재미있게 게임을 하면서 아이들의 소근육도 발달시키고, 연산 실력도 높일 수 있습니다. 함께 사탕을 먹으러 가 보실까요?

게임설명 **버튼을 빠르게 눌러 사탕을 많이 모아요!**

각자 자신의 버튼을 열심히 눌러 개구리가 연못 속 사탕을 먹게 합니다. 연못에 있는 모든 사탕이 사라질 때까지 게임을 한 후 자신이 모은 사탕의 수를 셉니다. 사탕을 가장 많이 가져온 사람이 승리!

게임방법을
영상으로 살펴보세요.

개구리 사탕먹기를 더 재미있게 즐기는 방법

사탕의 색마다 점수를 달리해 사탕 점수를 계산하게 할 수 있습니다. 빨강 4점, 보라 3점, 주황 2점, 초록 1점으로 계산합니다. 재미있게 게임도 하고 연산 실력도 늘고, 일석이조입니다!

어른들은 사탕 점수를 무조건 1점으로 하고, 아이들은 사탕의 색마다 점수를 달리한다면 게임의 균형이 맞아 어른들도 아이들도 최선을 다해 게임을 재미있게 즐길 수 있어요.

 게임 후 사탕을 잃어버리지 않게 박스 뒤 모서리를 테이프로 잘 막아두거나 사탕을 주머니에 보관하는 것도 좋습니다. 또 어린아이가 보드게임 속 사탕을 실수로 먹지 않도록 주의시켜 주세요.

개구리 사탕먹기가 마음에 드셨다면?

펭귄 얼음 깨기	코코너츠	픽미업 허니비
룰렛을 돌리고 망치로 얼음 블록을 깹니다. 얼음판 위 펭귄을 떨어뜨리지 않기 위해 조심조심 얼음을 깨야 하는 스릴 있는 게임입니다.	원숭이 발사대에서 코코넛을 발사해 바구니에 넣게 하는 게임입니다. 협응력을 키우는 게임으로 추천합니다.	꿀벌 스틱으로 조건에 맞는 꽃가루 타일을 찍어 점수를 모으는 게임으로 관찰력과 순발력을 키울 수 있습니다.

텀블링몽키

원숭이도 나무에서 떨어진다?

- **인원:** 2~4인
- **시간:** 15~20분
- **키워드:** #집중력 #협응력 #아슬아슬색막대빼기

야자수 나무에 매달린 원숭이들을 지켜라! 야자나무 속 막대에 원숭이들이 대롱대롱 매달려 있는 모습이 참 매력적인 게임입니다. 어떤 막대를 빼야 원숭이들이 떨어지지 않을까요? 규칙이 쉽고 간단해 누구든 쉽게 빠져드는 텀블링몽키, 함께 즐겨 볼까요?

게임설명 원숭이를 떨어뜨리지 않게 막대를 빼세요!

야자나무에 세 가지 색 막대를 무작위로 꽂고 원숭이들을 꼭대기에 올려 둡니다. 자기 차례일 때 색 주사위를 굴려 해당 색 막대를 높은 곳에서부터 하나 뽑습니다. 이때 원숭이가 바닥으로 떨어졌다면 자기 앞으로 원숭이를 가져옵니다. 마지막까지 원숭이를 가장 적게 떨어뜨린 사람이 승리!

게임방법을
영상으로 살펴보세요.

텀블링몽키를 더 재미있게 즐기는 방법

야자나무 칸마다 색 막대 수가 골고루 되게끔 꽂아야 균형이 맞습니다. 막대를 한 층이 아니라 다른 층에 걸치게 비스듬하게 꽂으면 재미가 늘어납니다.

막대가 없어질수록 원숭이들이 한 막대에 많이 매달려 있게 되는데, 이때 막대를 잘 움직여서 다른 막대로 원숭이들을 옮기며 막대만 빼낼 수도 있습니다. 아이가 집중해서 막대를 옮기는 모습이 참 귀엽답니다.

 게임에 익숙해졌다면 규칙을 변형해 보세요. 숫자 주사위를 굴려 5, 6이 나오면 세 가지 색깔, 3, 4가 나오면 두 가지 색깔, 1, 2가 나오면 한 가지 색깔의 막대기를 뽑는 식으로 바꾸면 보다 역동적인 게임을 진행할 수 있습니다.

텀블링몽키가 마음에 드셨다면?

탈출! 모래늪

색 막대기를 하나씩 빼며 모래늪 위 자신의 캐릭터를 끝까지 지키는 게임입니다. 촉촉한 천연모래를 만지며 촉감놀이를 할 수도 있습니다.

스틱스택

스틱의 색에 맞는 위치에 스틱 더미가 쓰러지지 않게 스틱을 쌓아 올리는 게임입니다. 협응력을 키울 수 있어요.

탑탑

근본은 영원한 법! 단순히 올려놓는 것뿐 아니라 블록을 빼내는 과정에서도 스릴 만점! 정통 젠가를 즐겨 보세요.

도블

순발력 끝판왕! 같은 그림을 찾아라!

- ⓘ **인원:** 2~8인
- ⏱ **시간:** 15분
- ▽ **키워드:** #순발력 #관찰력 #같은그림찾기

도블은 규칙이 간단하고 휴대하기도 간편할 뿐만 아니라 최대 여덟 명까지 함께할 수 있습니다. 학교에서 친구들과 함께하거나 가족 모임 등에서도 쉽고 재밌게 즐길 수 있어요. 55장의 카드 중 아무 카드나 두 장을 펼치더라도 두 카드 모두에 있는 똑같은 그림은 단 하나뿐이랍니다. 다양한 캐릭터들과 함께 다섯 가지의 미니 게임을 즐겨 볼까요?

게임설명 **두 카드에 공통으로 있는 그림을 찾아라!**

도블의 카드 한 장에는 여덟 가지의 서로 다른 그림이 그려져 있습니다. 펼쳐진 카드 두 장에는 똑같은 그림 하나가 존재합니다. 누구보다도 빠르게 똑같은 그림을 찾아 외친 사람이 카드를 가지고 올 수 있습니다. 그 외에도 누구보다 빠르게 자기 카드 버리기, 손에 든 카드를 빠르게 다른 사람에게 건네기 등 여러 미니 게임을 할 수 있습니다.

게임방법을
영상으로 살펴보세요.

🎲 도블을 더 재미있게 즐기는 방법

도블을 처음 접하는 아이라면 본격적으로 게임을 시작하기 전, 카드에 어떤 그림이 있는지 단어를 익히는 시간을 가지면 좋습니다. '무엇이 무엇이 똑같을까?' 노래도 부른다면 더욱 재밌을 거예요.

공식 플레이 인원수는 2~8명이지만 혼자서도 충분히 게임을 즐길 수 있답니다. 경쟁적 요소는 떨어져도 집중력을 발휘해 카드에서 같은 그림 찾기를 해보세요.

기본형 도블에 질렸다면 도블 동물원이나 캠핑처럼 다른 그림도 있어요. 도블 마블, 도블 미니언즈, 도블 해리포터 등 다양한 캐릭터들과 컬래버레이션한 도블도 나왔으니 취향대로 골라 보세요.

▶ 본문 135쪽 참조

🎲 도블이 마음에 드셨다면?

애니멀랑 곱셈(덧셈)

초등학생을 위한 곱셈(덧셈) 보드게임입니다. 동시에 카드를 뒤집어 중앙 카드와 같은 숫자를 찾아 외치는 사람이 승리!

탐탐스쿨 한글

그림과 단어의 짝을 찾아 크게 외치세요. 모든 짝이 매치되는 카드를 찾으면 "탐탐!"을 외치고 추가 보너스도 가져갈 수 있답니다.

도블 360

스위치를 켜면 도블 타워가 회전하며 카드 두 장을 번갈아 가며 보여줍니다. 관찰력뿐만 아니라 기억력도 필요한 업그레이드 버전입니다.

흔들흔들 해적선

균형잡기의 달인은 누구?

- **인원:** 2~4인
- **시간:** 5~10분
- **키워드:** #집중력 #균형감각
  #손과눈의협응력 #전략적사고력

거친 파도 위에서 이리저리 흔들리는 해적선. 조심조심 균형을 잡으며 해적들을 배에 태우세요. 해적들이 많이 올라탈수록 배는 더 크게 흔들리고 안전한 자리는 줄어듭니다. 끝까지 버티며 해적들이 떨어지지 않도록 균형을 잡으세요.

게임설명 해적선 위로 말을 올리며 균형잡기

파도 위에 해적선을 올리고 게임 말들을 근처에 모아 두세요. 균형이 무너지지 않도록 자기 차례에 게임 말 하나를 집어 해적선 위에 올리세요. 배 위라면 어디든 게임 말을 올려놓을 수 있어요. 배가 흔들려 게임 말이 떨어지면 게임이 끝납니다. 가장 마지막에 게임 말을 올리는 데 성공한 사람이 승리!

게임방법을
영상으로 살펴보세요.

🎲 흔들흔들 해적선을 더 재미있게 즐기는 방법

생각보다 게임 말들이 아주 작은 움직임에도 크게 반응해 어려울 수 있어요. 처음 게임을 플레이한다면 연습 시간을 충분히 가진 뒤 시작하는 것도 좋은 방법입니다.

처음 시작할 때 게임 말을 가운데에 놓아야 게임을 더 오래 할 수 있답니다. 처음부터 갑판이나 돛대에 놓으면 게임이 너무 금방 끝나 버려요!

해적선이 균형을 잃지 않게 하려면 무게중심이 한쪽으로 쏠리지 않도록 잘 생각해야 해요. 아이의 성향에 따라 가벼운 게임 말부터 올리며 쉽게 게임을 풀어 가는 모습, 일부러 아슬아슬하게 올려 두며 스릴을 즐기는 모습도 볼 수 있답니다.

🎲 흔들흔들 해적선이 마음에 드셨다면?

코끼리 균형잡기

코끼리 등 위에 다양한 색상의 막대를 쓰러뜨리지 않고 쌓아 올리는 간단한 게임입니다. 나무 막대를 이용해 덧셈 놀이도 할 수 있어요.

흔들흔들 키키

원숭이 키키는 멋진 공연을 할 준비가 다 됐습니다. 큰 바나나 위에서 균형을 잡아 가며 공을 떨어뜨리지 않도록 키키를 도와주세요.

밸런스 빈즈

시소의 원리를 이용한 게임입니다. 문제 카드에 그려져 있는 콩들을 사용해서 시소의 균형을 맞춰 보세요.

서펜티나

알록달록 뱀 만들기

- 🎯 **인원:** 2~5인
- 🕐 **시간:** 10~15분
- 🔽 **키워드:** #미적감각 #창의력 #누구나쉽게

알록달록 뱀들이 뒤죽박죽 섞여 있습니다. 여러 가지 색깔을 잘 분류해 귀여운 뱀을 만들어 보세요. 알록달록 뱀을 가장 많이, 길게 만들어야 이길 수 있답니다.

게임설명 **색이 연결되도록 뱀 완성하기**

뒷면이 보이는 카드 중 한 장을 뽑아 조건에 맞게 내려놓습니다. 기존 카드와 같은 색으로 연결되게 놓거나 연결되는 색이 없다면 떨어진 곳에 놓습니다. 카드를 연결해 머리, 몸통, 꼬리가 완성되면 완성한 사람이 해당 뱀 카드를 전부 가져갑니다. 완성된 뱀 카드의 수가 가장 많이 가진 사람이 승리!

게임방법을
영상으로 살펴보세요.

서펜티나를 더 재미있게 즐기는 방법

게임을 시작하기 전, 아이와 함께 《나도 길다》 그림책을 읽어 보세요. 길이를 재 보고 비교하는 재미있는 동화를 떠올리며 서펜티나를 하면 재미도 있고 생각도 확장하고 일석이조입니다.

모두 함께 머리를 맞대고 최대한 긴 뱀을 만들어 가는 협동 게임으로도 진행할 수 있습니다. 모두 한 팀이 되어 세상에서 가장 길고 아름다운 뱀을 만들어 보세요.

차례대로 플레이하는 규칙 외에도 시간을 정해 놓고 플레이하는 방법도 있습니다. 순서에 상관없이 5분 동안 빠르게 카드를 연결해 가장 긴 뱀을 만드는 사람이 승리하도록 할 수도 있어요.

서펜티나가 마음에 드셨다면?

무지개 해파리

꼬리 색깔을 요리조리 바꿀 수 있는 요술쟁이 무지개 해파리의 꼬리를 찾아 주세요. 같은 색깔이 포함된 꼬리 카드 다섯 장을 가장 먼저 연결하면 승리!

트리오미노스 컬러

탁자 중앙의 타일과 자신의 타일 꼭짓점 두 개의 색깔이 같게 마주 보도록 내려놓아야 합니다. 모든 타일을 먼저 다 내려놓으면 승리!

벤도미노

같은 수끼리 타일을 연결하는 게임입니다. 자신의 벤도미노를 빨리 없애거나 가지고 있는 도미노 점의 개수가 가장 적은 사람이 승리!

상어 아일랜드
모험에는 위험이 뒤따르는 법

- 🧍 **인원:** 2~4인
- 🕐 **시간:** 10분
- 📍 **키워드:** #수세기 #스릴만점 #선택과집중

보물을 가득 싣고 의기양양하게 항해하던 해적들. 해적선은 폭풍을 만나 세 조각이 나고 보물은 바다로 흩어지고 말았어요. 흔들다리가 무너지기 전에 가까운 섬을 향해 달리며 보물을 주워야 해요. 상어에게 잡히기 전에, 금화를 많이 주워서 안전한 섬으로 피신하세요!

게임설명 상어를 피하며 금화를 얻고 탈출하자

녹색섬의 보물상자를 눌러 상어를 출발시킨 후 게임을 시작합니다. 자기 차례에 주사위를 굴려서 나온 숫자만큼 해적을 움직이거나 금화를 줍습니다. 상어에게 잡힌 해적은 탈락하고 녹색섬에 무사히 도착한 해적 중 금화를 가장 많이 모은 해적이 승리!

게임방법을
영상으로 살펴보세요.

🎲 상어 아일랜드를 더 재미있게 즐기는 방법

주사위를 던져 여유 있다는 생각이 든다면 금화를 주워야 해요. 아무리 빠르게 골인해도 금화가 없으면 이길 수 없기 때문이죠.

상어 지느러미를 얼마나 당겨 놓고 시작하느냐에 따라 게임의 난이도가 달라집니다. 처음 플레이한다면 지느러미를 끝까지 넉넉하게 당기고 게임을 더 어렵게 하고 싶다면 트랙 바로 앞까지만 오도록 당기고 게임을 시작하세요.

게임이 조금 어렵게 느껴지는 친구들은 규칙을 변형해서 진행할 수 있어요. 금화를 바닥에 늘어 놓지 말고 가는 길에 쌓아 두어 금화를 얻으며 이동해 보세요. 상어로부터 도망만 가면 되니까 게임이 더 쉬워질 거예요.

🎲 상어 아일랜드가 마음에 드셨다면?

퍼니버니

귀여운 토끼들이 카드에 적힌 대로 언덕 위로 달려갑니다. 당근을 돌리면 언덕에 구멍이 열리면서 토끼가 빠질 수도 있습니다. 구멍을 피해 언덕 꼭대기 당근에 가장 먼저 도착하는 토끼가 승리!

오키도키 원정대

주사위를 굴려 숫자만큼 칸을 이동해요. 도착한 곳에 열쇠가 있다면 뽑아서 보물상자 열기 도전! 정해진 수의 보석을 먼저 얻는 사람이 승리!

인어공주 아일랜드

모두 힘을 합쳐 바다 마녀를 피해 인어공주들을 섬에 돌려보내 주세요. 룰렛을 돌려 누가 얼마나 이동할지 결정합니다. 바다 마녀보다 인어공주 세 명이 모두 섬에 먼저 도착해야 합니다.

라온
한글의 위대함!

- 👤 **인원:** 2~4인
- 🕐 **시간:** 10분
- 📍 **키워드:** #단어만들기 #순발력 #한글공부 #어휘력

라온은 '즐거운'이라는 뜻의 순우리말입니다. 라온 하나로 서로 다른 여러 가지 게임을 즐길 수 있습니다. 타일 재질, 디자인, 게임 방법에 따라 다양한 시리즈로도 출시됐답니다. 재미있는 게임으로 자연스럽게 한글 공부도 하고, 순발력도 길러 볼까요?

게임설명 **타일로 한글 단어를 만들기**

자음 타일 열한 개와 모음 타일 아홉 개를 나눠 가져요. 모래시계의 모래가 다 떨어질 때까지, 자기가 가진 타일로 최대한 많은 단어를 만들어요. 이미 만들어진 단어를 쪼개고 내 타일을 더해서 새로운 단어를 만들어 보세요. 가장 먼저 자신의 타일을 모두 사용한 사람이 승리!

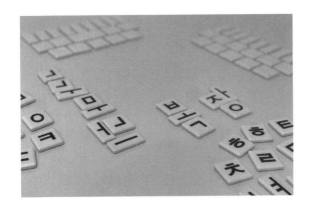

게임방법을
영상으로 살펴보세요.

라온을 더 재미있게 즐기는 방법

 단어의 길이가 길수록 점수가 높으므로 가장 긴 단어를 만드는 것을 추천합니다. '마다가스카르'처럼 받침이 없는 단어는 타일을 아끼면서 동시에 길게 만들 수 있으니 더욱더 완벽하겠죠?

동물, 식물, 공룡, 우주, 순우리말, 집에 있는 물건 등 특정 주제에 맞는 단어 만들기로 게임을 변형해도 좋습니다. 단어도 익히고 맞춤법 공부도 하면 일석이조예요.

라온의 모음 타일은 세 종류(ㅏ, ㅑ, ㅣ)뿐이라 회전과 조합을 통해 다양한 모음을 표현할 수 있습니다. 같은 원리로, 자음 타일도 조합해서 쌍자음으로 만들 수 있어요.

라온이 마음에 드셨다면?

라온 한줄

제시된 주제어를 보고 무작위로 배치되는 점수 카드 중 가장 높은 점수를 노리는 한글 단어 게임입니다. 다른 사람과 겹치는 단어를 적으면 점수를 얻을 수 없으니 눈치 게임도 중요하답니다.

라온 더하기

한글 자모음과 특수 기호가 그려진 투명 카드로 단어를 만듭니다. 'ㅁ'에 'ㄷ'을 겹쳐 'ㅂ'을 만드는 등 상상의 나래를 자유롭게 펼칠 수 있습니다.

루미큐브 한글 워드

숫자 타일을 조합하는 규칙이 매력적인 루미큐브의 한글 버전입니다. 자신의 받침대에 있는 타일로 한글 낱말을 만들어 가장 먼저 테이블 위에 모두 내려놓으면 승리!

아이 씨 10!

I sea 10!

◉ **인원:** 2~4인
◷ **시간:** 10분
♡ **키워드:** #순발력 #가르기/모으기
　　　　　#수학연산 #10만들기

아이 씨 10! 은 수학의 기본 연산이 되는 10 만들기 활동을 즐겁게 해보는 게임입니다. 귀여운 물고기 타일들을 뒤집으며 10을 만들 수 있다면 먼저 "찾았다!"를 외쳐 보세요. 누가 가장 10을 많이 만들 수 있을까요?

게임설명 **타일을 뒤집으며 10을 만들자**

순서대로 물고기 타일을 한 장씩 뒤집으며 어떤 숫자가 나오는지 잘 관찰합니다. 두 장 이상의 타일로 10을 만들 수 있는 조합을 발견했다면 "찾았다!"를 외치고 타일을 가져옵니다. 만약 상어 타일을 뒤집었다면 지금껏 모은 타일들을 다 반납해야 합니다. 가장 많은 10을 만든 사람이 승리!

게임방법을
영상으로 살펴보세요.

아이 씨 10!을 더 재미있게 즐기는 방법

 처음 게임을 플레이하는 아이들이라면 여러 개의 숫자로 10의 합을 만들기보다 3과 구처럼 두 개의 수를 활용하는 것이 좋아요. 어느 정도 익숙해져서 두 개의 수로 10을 잘 만든다면 그때부터 원래의 규칙대로 게임을 해보세요!

아이가 상어 타일 때문에 상처받을까 걱정된다면 규칙을 변형해 보세요. 상어 타일을 조커처럼 사용해서 아이가 원하는 숫자로 쓸 수 있도록 하면 더욱 쉽고 즐겁게 게임에 즐길 수 있습니다.

 게임에 익숙해졌다면 다른 미션 규칙을 적용해 보세요. 혼합 계산으로 21 만들기, 시간 정해 놓고 10 많이 만들기, 가장 먼저 10을 열 번 만들어 보기 등 다양한 방법으로도 즐길 수 있답니다.

아이 씨 10!이 마음에 드셨다면?

메모리 아일랜드

동물 카드들을 뒤집어서 숫자 합을 10으로 만들면 그 카드를 획득하는 게임입니다. 열 마리의 동물들을 먼저 구하면 승리합니다. 멸종위기 동물들을 구해 주세요!

수학대전 Math Math

숫자 카드를 원하는 사칙연산 기호에 대입해 문제 카드의 답을 맞추는 게임입니다. 곱하기 또는 나누기로 계산한 경우는 상대방의 숫자 카드를 뺏어 올 수도 있습니다!

맞수 덧뺄셈 마스터

차례대로 카드를 뒤집다가 같은 색상의 카드가 나오면 맞수 대결을 합니다. 상대의 덧셈, 뺄셈식 답을 먼저 외치면 카드를 가져올 수 있으니, 무엇보다 순발력이 중요하겠죠?

셈셈 수놀이

사칙연산을 게임으로!

- 🎮 **인원:** 1~4인
- ⏱ **시간:** 10~30분
- 💬 **키워드:** #계산력 #창의력 #수학연산 #수학적사고력

셈셈 수놀이는 수 세기부터 수의 순서와 크기, 가르기와 모으기 그리고 기초 연산과 10 만들기 까지 자연스럽게 익힐 수 있답니다. 하나의 보드게임으로 여섯 가지 게임을 즐기며 자연스럽게 숫자들과 친해져 볼까요?

게임설명 10 만들기 게임

자기 차례가 되면 주사위를 굴려 주사위 숫자만큼 말을 앞으로 이동합니다. 말이 도착한 곳에 표시된 액션을 따라 합니다. 타일을 가져가거나 교환할 수도 있고 추가 이동을 할 수 있어요. 보너스로 가진 타일을 사용해 10을 만들어 제출하면 주사위를 한 번 더 굴릴 수 있답니다. 먼저 도착 지점에 들어가는 사람이 승리!

게임방법을
영상으로 살펴보세요.

🎲 셈셈 수놀이를 더 재미있게 즐기는 방법

여섯 가지 기본 게임 말고도 메모리 게임, 줄줄이 스피드 게임, 덧셈 뺄셈의 왕, 연산의 달인 등 여러 추가 게임들을 진행할 수 있습니다. 더욱더 다양한 방법으로 게임을 즐겨 보세요.

아이들끼리 수 세기와 수·양 일치 게임을 할 때 한 팀으로 진행하되 순서를 정해 번갈아 가면서 할 수 있도록 게임을 하는 것도 좋습니다.

아직 10의 보수 개념을 익히기 전인 아이라도 10 만들기 보드게임의 사다리 말판을 사용하고 싶다고요? 10 만들기 보너스 규칙을 적용하지 않고 단순히 숫자를 읽기 등의 변형 규칙으로도 충분히 게임을 즐길 수 있답니다.

🎲 셈셈 수놀이가 마음에 드셨다면?

셈셈 코드1

숫자 블록으로 즐거운 퍼즐 게임도 하고 덧셈 암산 실력도 키울 수 있는 게임이에요. 난이도에 따라서 1부터 3까지 다양한 버전이 있습니다.

숫자보트

주사위를 굴려서 화물을 선택한 후, 배에 화물을 채우고 내 컨테이너로 이동해요. 먼저 컨테이너를 다 채운 사람이 승리! 숫자가 적혀 있는 짐들의 크기를 보며 자연스럽게 수에 따른 길이의 감각도 익힐 수 있답니다.

키키의 대모험

주사위를 두 개를 던져서 나온 수를 더한 만큼, 또는 뺀 만큼 말을 이동합니다. 먼저 도착 지점에 도착하면 승리! 난이도에 따라서 다양하게 게임 규칙을 변형해 플레이할 수 있어요.

징고
빙고게임과 단어의 만남

- ⊙ **인원:** 2~6인
- ⊙ **시간:** 20분
- ⊙ **키워드:** #순발력 #관찰력 #빙고게임 #단어익히기

아이들이 좋아하는 빙고! 이 빙고 게임과 한글, 영어 단어가 만났습니다. 징고 게임을 통해 재미있게 영어 단어를 익히며 게임을 할 수 있습니다. 다음에 어떤 단어가 나올지 두근두근 기다리며 그림에 맞는 단어를 재빨리 외쳐 볼까요?

게임설명 **재빨리 단어를 외쳐 자신의 빙고판 완성하기!**

징고는 빙고 판을 채우기 위해 나온 두 개의 그림 중 자신의 판에 있는 그림의 단어를 외쳐야 하는 게임입니다. 자신의 판을 하나 가지고, 라운드마다 두 개의 그림을 공개합니다. 공개한 그림이 자신의 판에 있다면 그 그림의 이름을 크게 외칩니다. 먼저 외친 사람이 그림을 가져와 자신의 판에 놓습니다. 이렇게 자신의 판을 모두 채우면 승리합니다!

앞면　　　뒷면

게임방법을
영상으로 살펴보세요.

징고를 더 재미있게 즐기는 방법

 징고의 단어 타일은 한국어 단어와 영어 단어, 두 면으로 돼 있습니다. 아직 한글을 배우는 아이라면 한국어 면으로, 영어를 배우기 시작한 아이라면 영어 면으로 플레이해 보세요.

연두색 면은 공통으로 들어간 그림이 적어서 경쟁이 덜하고 빨간색 면은 공통으로 들어간 그림이 많아 경쟁이 심합니다. 아이들의 성향에 따라 징고판을 선택해 게임해 보세요.

나이 차이가 나는 형제끼리 플레이한다면 어린 쪽은 한글을 읽으면서, 나이가 많은 쪽은 영어를 읽으면서 가져오도록 하면 함께 즐기며 게임할 수 있습니다.

징고가 마음에 드셨다면?

고피쉬 시리즈

같은 알파벳/영어 단어 찾기, 상대방이 있는 카드 물어 보기 등을 통해 자연스럽게 영어를 익힐 수 있는 게임입니다.

징고 워드빌더

뽑히는 알파벳을 보고 비어 있는 단어 철자를 넣어 맞히는 게임입니다. 조금 더 어려워도 영어 단어를 자연스럽게 익힐 수 있습니다.

다이스 아카데미

알파벳 주사위와 주제 주사위를 굴려 연상되는 단어를 빨리 외치는 게임입니다. 순발력과 유창성을 키울 수 있습니다.

세트 주니어

멘사 선정 게임을 아이들 수준으로!

🔵 **인원:** 2~4인
🕐 **시간:** 10분
🔽 **키워드:** #순발력 #분류 #패턴인식 #관찰력

멘사에서 선정한 두뇌 계발 보드게임의 어린이용 버전인 세트 주니어입니다. 주어진 자료에서 속성을 분류하고 조합하는 능력은 수학 공부에 아주 중요한 기능이라고 할 수 있습니다. 세트 주니어와 함께 즐겁게 수학적 사고력을 길러 볼까요?

게임설명 모두 같거나, 모두 다른 것!

세트 주니어는 모양, 색깔, 개수라는 세 가지 속성을 가진 타일 27장이 들어 있는 게임입니다. 모양, 색깔, 개수라는 세 가지 속성이 모두 같거나 모두 다른 것을 '세트'라고 합니다. 세트 주니어는 깔린 타일 중에서 '세트'가 되는 것을 빠르고 정확하게 많이 찾는 사람이 승리하는 게임입니다.

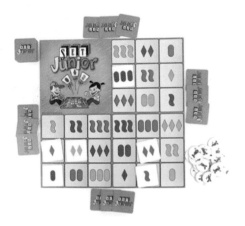

게임방법을
영상으로 살펴보세요.

🎲 세트 주니어를 더 재미있게 즐기는 방법

처음은 구성물인 세트와 친해지기부터 시작해 보세요. 타일끼리 어우러지며 세트가 완성되는 과정을 자연스럽게 이해할 수 있습니다. 세트에 어느 정도 익숙해지고 나면 두 번째 단계 세트 찾아보기로 넘어가서 게임을 즐겨 보세요.

아이가 세트를 어려워한다면 카드 수를 많이 깔아 낮은 난이도로 진행해 보세요. 또한 경쟁이 아닌 협동을 통해 정해진 시간 동안 많은 세트를 찾는 방식으로도 게임할 수 있습니다.

세트가 되어 가져갈 때 이유를 설명하도록 해보세요. 아이가 찾은 패턴에서 규칙성을 한 번 더 되짚어 볼 수 있고 근거를 들어 논리적으로 말하는 연습을 할 수 있습니다.

🎲 세트 주니어가 마음에 드셨다면?

패턴파티

목표에 맞게 카드를 내려놓아 봅시다. 단, 카드를 내려놓을 때에는 맞닿은 그림이 같은 속성을 가지고 있어야 합니다.

셋셋셋

가로, 세로, 대각선 한 줄에 같은 속성이 있도록 카드를 내려놔야 하는 게임입니다. 속성을 생각하면서 빠르게 카드를 내려놓아 보세요.

세트

세트 주니어로 세트 만들기가 익숙해졌다면 오리지널 세트에 도전해 보세요. 세트를 구성할 때 색의 음영까지 고려해야 한답니다.

더 로봇

느리게? 빠르게? 내 속도로 상상해 봐!

- ⊙ **인원:** 2~6인
- ⊙ **시간:** 15분
- ⊙ **키워드:** #시간감각 #협동력
  #공감력 #로봇의달리기

'빨리! 느리게! 보통 속도로!' 아니, 빠른 건 어느 정도로 빨라야 하고 느린 건 어느 정도로 느려야 할까요? 더 로봇은 서로가 가진 시간 감각에 대해서 생각해 보고 이야기해 볼 수 있는 게임입니다. 더 로봇과 함께 서로의 시계가 어떤 속도로 가고 있는지 알아볼까요?

게임설명 친구의 마음 속 빠르기를 예측하는 게임

더 로봇은 모두가 한 팀이 돼서 기록에 도전하는 협동 게임입니다. 먼저 로봇 역할을 할 사람을 정해 혼자 이번 게임의 속도와 목표 물건을 확인하고 속도만 말해줍니다. 로봇 역할을 맡은 사람이 처음 삐 소리를 내면 출발, 그다음 삐 소리를 내면 목표 물건에 도착한 것입니다. 어느 물건에 도착했을지 의논해서 결정하여 점수를 얻습니다. 더 많은 점수를 얻어볼까요?

게임방법을
영상으로 살펴보세요.

🎲 더 로봇을 더 재미있게 즐기는 방법

이 게임을 하고 난 다음에는 반드시 서로 이야기를 나누는 과정이 필요합니다. 빠르거나 느리다는 것이 어느 정도의 빠르기인지 이야기를 하면 다음 라운드에서 상대의 기준에 맞춰 답을 예측할 수 있습니다. 사람마다 생각하는 것이 다를 수 있다는 것을 알게 해주는 게임입니다.

트랙 속 물건이 지겹다면 더 로봇 방식으로 책을 읽어 보는 건 어떨까요? 아이가 원하는 단어를 마음속에 정해 두고 그곳까지 속으로 읽어 보는 거예요. 게임을 플레이하면서도 책을 읽는 데 집중할 수 있답니다.

초보자라면 매 라운드 같은 속도로 플레이하거나 한 명만 계속 로봇 역할을 맡아서 합니다. 게임에 조금 더 익숙해졌다면 경쟁 규칙을 적용해 게임을 더 재미있게 즐겨 보세요. 로봇이 멈춘 뒤, 모든 사람이 각자 추측한 사물을 말하고 정확하게 추측한 사람은 토큰 두 개를 받습니다.

🎲 더 로봇이 마음에 드셨다면?

박스 몬스터

손의 감각만으로 박스 안의 물건을 찾는 게임입니다. 안이 보이지 않는 박스 속에 모두 함께 손을 넣고 엑스레이 카드에 나온 물건을 동시에 꺼내야 해요.

뭘까요? 포켓몬

카드의 윗면에는 정답 후보들이, 아랫면에는 올록볼록하게 인쇄된 포켓몬이 있습니다. 손끝의 감각으로 무엇인지 느끼고 맞히는 게임입니다.

카이트 타임 투 플라이

자기 차례마다 카드를 한 장 내려놓고 해당하는 모래시계를 뒤집습니다. 힘을 합쳐 모래시계가 다 떨어지지 않게 빠르게 뒤집어 보세요!

우봉고 미니
뒤집고 돌리고 채워라!

- 🧑 **인원:** 1~4인
- ⏰ **시간:** 15분
- 🔽 **키워드:** #공감감각 #순발력 #도형인식 #퍼즐맞추기

우봉고는 스와힐리어로 '두뇌, 지식, 알았다'라는 뜻을 가진 단어입니다. 공간 인식 게임의 대명사인 우봉고는 우봉고, 우봉고 3D, 우봉고 퍼즐 등 다양한 시리즈가 있습니다. 우봉고 미니는 우봉고의 핵심 요소를 포함하면서도 우봉고 시리즈 중 가장 쉽고 가볍게 할 수 있는 게임입니다.

게임설명 **퍼즐 조각을 움직여 재빨리 퍼즐판 채우기**

각자 문제 카드 여덟 장과 퍼즐 조각을 한 세트씩 가집니다. '준비, 시작' 구호와 함께 주어진 문제판을 해결하기 위해 조각을 이리저리 돌려서 문제 카드의 빈칸을 모두 채웁니다. 성공했다면 '우봉고'를 외칩니다. 제한 시간은 20초입니다. 우봉고를 외친 사람과 제한 시간 안에 성공한 사람은 문제 카드를 가져가 자신의 점수를 표시합니다!

게임방법을
영상으로 살펴보세요.

우봉고 미니를 더 재미있게 즐기는 방법

경쟁보다 퍼즐 자체를 푸는 데 재미를 느끼는 아이라면 혼자서 플레이하는 것을 추천합니다. 정해진 시간 동안 몇 장을 해결할 수 있을지 도전하면서 재미를 느껴 보는 건 어떨까요?

게임판으로 난이도를 조절할 수 있습니다. 처음 도전하는 아이라면 조각 세 개를 사용하는 앞면으로, 조금 익숙해지면 조각 네 개를 사용하는 뒷면으로 퍼즐에 도전해 보세요.

 아이와 플레이할 때에는 제한 시간에 구애받지 않도록 충분히 시간을 주고 아이가 스스로 완성해 성취감을 느낄 수 있도록 하는 것도 좋습니다.

우봉고 미니가 마음에 드셨다면?

겟패킹

칠교놀이를 더 업그레이드해서 즐기고 싶다면? 주어진 물건으로만 가방 안을 가득 채우기 위해 이리저리 돌려야 하는 게임 겟패킹입니다.

우봉고

더 넓고 다양한 판과 제한된 조각으로 도전해 보세요. 점수 보석을 뽑으며 생기는 역전의 재미까지! 우봉고 미니로 게임에 익숙해졌다면 우봉고도 플레이해 보세요.

코잉스

동그란 구멍이 하나 나 있는 블록들을 이용해서 네모난 판을 채워 보세요. 동그란 구멍 사이로 코잉스가 보이도록 배치해야 한답니다.

Column

보드게임 행사
보드게임 페스타? 보드게임 콘?

매년 여러 도시에서 보드게임 행사가 열리며, 대부분 2~3일 동안 진행됩니다. 2010년대 이후 보드게임이 부흥기를 맞이하며 보드게임 산업이 성장함에 따라 그 행사 역시 규모가 커지고 있습니다. 보드게임 행사에서는 새로 출시하는 보드게임이나, 베스트셀러를 체험해 볼 수 있습니다. 그리고 다양한 참가자들이 자신의 실력을 뽐내는 보드게임 대회도 열립니다. 보드게임 개발자들이 자신들이 만든 게임을 가지고 참여하는 체험전도 열립니다. 저렴한 가격에 보드게임도 구매하고, 게임도 참여하기 때문에 가족 단위 참가자가 즐겨 찾습니다. 어떤 보드게임 행사들이 있는지 한번 살펴볼까요?

보드게임콘과 보드게임 페스타

대한민국에서 가장 큰 보드게임 행사는 보드게임콘과 보드게임 페스타입니다. 보드게임콘은 2006년부터 시작된 행사로, 처음에는 네 개의 업체가 참가한 작은 행사였습니다. 당시에는 보드게임 썸머페스티벌이라는 이름이었다가 현재는 보드게임콘으로 이름을 바꾸고 19개 업체가 참여하는 대규모 행사로 발전했습니다. 문화체육관광부, 한국콘텐츠진흥원, (사)한국보드게임산업협회가 주최하며 매년 7월에 코엑스와 SETEC에서 열립니다.

보드게임 페스타는 (사)한국보드게임산업협회가 주최하며 봄과 가을에 두 차례 열립니다. 처음에는 서울시와 함께 진행하던 서울 보드게임 페스타였다가 2022년부터는 서울이라는 명칭을 떼고 다른 지역으로 확장해 진행하고 있습니다. 보드게임 페스타 in 수원이 대표적입니다. 각 행사는 이름만 다를 뿐 참여하는 소비자 입장에서는 행사의 진행이나 체험 내용 면에서 매우 유사합니다. 각 행사에 참가하는 업체들도 크게 다르지 않습니다.

서울국제 유아교육전&키즈페어

국내 유일 최장수/최대 규모의 유아 전문 전시회인 서울국제 유아교육전 & 키즈페어에서는 학습, 교육 프로그램, 완구, 게임 등 다양한 유아 관련 상품과 프로그램을 만나 볼 수 있습니다. 행사명에서 알 수 있듯이 주로 유아를 대상으로 합니다. 유아들이 즐기기 좋은 수준의 교구나 보드게임을 찾는다면 가보시길 추천합니다.

코리아보드게임즈의 파주슈필

코리아보드게임즈가 세계 최대 보드게임 행사인 독일의 에센슈필을 오마주해 진행하는 축제입니다. 코로나 시기에 많은 보드게임 행사가 취소되자 이를 대신해 2022년부터 코리아보드게임즈가 파주 영어마을에서 개최했습니다. 이 행사에서는 코리아보드게임즈의 신작을 체험할 수 있으며 무료로 증정하는 보드게임을 받을 수도 있습니다. 또한 보드게임 클라스도 진행됩니다. 최근에는 은퇴 후 보드게임 작가가 된 이세돌 사범이 자신의 보드게임으로 강연회를 열기도 했습니다. 페스타와 콘처럼 저렴하게 보드게임을 구매할 수 있으며 주로 가족 단위의 참가자가 많습니다.

행사명	주최	시기	장소	대상
보드게임콘	문화체육관광부, 한국콘텐츠진흥원, (사)한국보드게임산업협회	7월	코엑스, SETEC	초등학생 이상
보드게임페스타	(사)한국보드게임산업협회	봄, 여름	SETEC, 수원 등 도시	
유아교육전	㈜세계전람	3월	SETEC	유아
파주슈필	코리아보드게임즈	매년 다름	파주 영어마을	초등학생 이상

파주슈필 탐방기
가족 나들이로 최고의 코스!

파주슈필은 우리나라 최대 보드게임회사인 코리아보드게임즈에서 주최하는 국내 최대 규모의 야외 보드게임 행사입니다. 넓은 부지에서 이뤄지며 다양한 이벤트와 혜택이 있어 가족 나들이 코스로 가기에 좋습니다. 2023년에는 4월 15~16일, 2024년에는 5월 25~26일에 경기미래교육 파주캠퍼스에서 진행됐습니다.

2024 파주슈필은 파주캠퍼스의 강의실과 체육관, 운동장 등 다양한 공간에서 보드게임을 직접 체험할 수 있도록 꾸며 약 140여 개의 게임을 체험해 볼 수 있었습니다. 신작코너, 직소퍼즐 체험존, 커피러시 체험존, 패밀리 보드게임, 그래비트랙스 체험존 등 곳곳에 체험 및 구매를 위한 사람들이 발길이 끊이지 않고 이어졌습니다.

입구 포토존에 다빈치코드 플러스의 숫자타일을 크게 만들어 2024를 만든 것이 인상적입니다.

(실내) 패밀리 보드게임존

아이들을 동반한 가족 단위 방문객이라면 파주슈필 최고의 장소는 바로 패밀리 보드게임존 입니다. 2024 파주슈필 패밀리 보드게임존 은 '기대만발', '취향저격', '스테디셀러', '요즘 인기', '베스트셀러', '재미가득' 등 여섯 개 코너에서 총 74종의 보드게임을 체험해 볼 수 있도록 구성됐습니다.

사진출처: 코리아보드게임즈 매거진

인터넷으로 검색만 해서는 알 수 없는 게임에 대한 아이의 반응을 직접 확인해 보면서 아이의 취향과 수준에게 맞는 보드게임을 체험하고 구매할 수 있다는 점이 큰 매력입니다. 제목만 들어 봤던 유명한 게임, 파주슈필에 맞춰 새로 나온 신작 게임 등 각종 다양한 게임들을 직접 체험해 볼 수 있습니다. 코너마다 게임을 설명해 주고 진행을 도와주는 크루들이 있어 가족 모두 게임을 쉽게 배워 즐길 수 있다는 점도 큰 매력 포인트입니다. 패밀리 보드게임존에서만 하루를 보낼 수 있을 만큼 체험할 거리가 많으니 내년에 갈 계획이라면 도시락을 챙겨서 마음의 준비를 하고 방문하는 것도 좋습니다.

(야외) 자이언트 보드게임존

건물 옆 운동장에는 자이언트 보드게임존이 준비돼 있었습니다. 아이들은 대형으로 특별 제작한 자이언트 할리갈리 컵스, 도블, 코코너츠 등 어디에서도 경험할 수 없는 대형 보드게임을 체험할 수 있습니다.

특히 야외 공간에서는 기존 보드게임을 대형 버전으로 즐길 수 있는 자이언트 보드게임 체험존이 인기를 끌었습니다. 캠핑의자에서 즐기는 자율 보드게임존이 있어 원하는 만큼 편하게 쉬어 가며 게임도 즐길 수 있었습니다. 넓은 잔디밭에서 어린아이들은 마음껏 뛰어놀 수도 있고 돗자리를 펴 가족과 함께 점심 도시락을 먹기도 하는 등 여유롭게 시간을 즐기는 방문객들도 많았습니다.

또한 파주슈필에서는 코리아보드게임즈에서 취급하는 각종 게임들을 인터넷 가격보다 저렴한 가격에 구매할 수 있습니다. 구매를 기다리는 줄이 꽤 길지만 기다려도 좋을 만큼 가격

이 저렴하고 현장에서만 구입할 수 있는 한정판 프로모션 세트도 인기가 높았습니다. 방문 등록을 하면 함께 방문한 가족 수만큼 보드게임을 선물로 받을 수 있고 구매 금액대마다 증정하는 보드게임을 받을 수 있어 구매한 보드게임뿐만 아니라 선물로 받아 오는 보드게임 수도 꽤 상당합니다. 내년 봄 파주슈필 소식이 들려 온다면 가족 나들이로 방문해 보시길 추천드립니다.

 **Column**

온오프라인에서 모두 즐기는 보드게임

보드게임을 처음 시작하면 보드게임에 대한 정보나 알고 싶은 점을 어디에 물어봐야 할지 궁금할 때가 있습니다. 매번 보드게임 카페를 찾아갈 수도 없고 말이죠. 보드게임에 대한 정보를 얻을 수 있는 대표적인 온라인 커뮤니티들을 소개합니다.

1. 보드라이프

#국내 #사이트: https://boardlife.co.kr/

보드라이프는 국내 최대 규모의 보드게임 커뮤니티로 보드게임에 관한 다양한 정보를 신속하게 얻을 수 있는 곳입니다. 보드게임 박람회(콘, 페스타 등)부터 시작해 리뷰, 중고거래 시장까지 다양한 주제를 활발히 다루고 있습니다. 각 테마별 보드게임 순위나 리뷰에 대한 정보도 얻을 수 있습니다. 보드게임 자료실에서는 아직 출판되지 않은 작품이나 팬메이드 작품도 종종 올라오니 참고하면 도움이 됩니다. 보드게임에 관심이 있는 분들에게는 필수 커뮤니티입니다.

2. 보드게임긱

#해외 #주소: https://boardgamegeek.com/

보드게임긱(boardgamegeek)은 전 세계에서 가장 큰 규모의 보드게임 커뮤니티로 전 세계의 보드게임 팬들이 모여 정보를 공유하고 소통하는 곳입니다. 다양한 게임 정보, 리뷰, 전 세계 사용자가 올린 사진과 비디오, 규칙 및 팁 그리고 보드게임 관련 이벤트 정보 등을 모두 제공합니다. 다만, 사이트가 영어로 돼 있어서 구글 번역기와 같은 도구를 사용하면 보다 쉽게 정보를 얻을 수 있습니다.

3. 유튜브

요즘은 유튜브에서 다양한 정보를 쉽게 얻을 수 있습니다. 각 유통사에서 공식 채널을 개설해 제공하는 영상을 보면 규칙 설명부터 게임 관련 정보까지 상세히 안내하는 콘텐츠가 많습니다. 또한 개인 크리에이터들이 올린 플레이 영상이나 설명 영상을 보면서 우리 가족과 게임이 잘 맞을지 상상해 보는 것도 좋은 방법입니다.

4. 신작 출시나 이벤트 소식

새로운 보드게임 출시 소식이나 할인 행사 정보를 보드게임 회사의 카카오톡, 인스타그램 등을 통해 빠르게 받아 볼 수 있습니다. 가끔 특별한 할인 쿠폰도 제공하기 때문에 저렴하게 구입할 수도 있습니다. 하지만 보드게임을 구매하기 전에는 꼭 직접 체험해 보는 것이 좋습니다. 실제로 플레이해 보지 않으면 게임이 아이나 가족에게 잘 맞는지 알기 어렵기 때문이죠. 대표적인 회사로 MTS, 보드엠, 보드피아, 생각투자, 아스모디코리아(구 만두게임즈), 코리아보드게임즈, 팝콘에듀 등이 있습니다. 이 외에도 보드라이프에서 다양한 회사를 찾아보면 좋습니다.

하나의 보드게임으로
즐기는 다양한 버전들

분명히 똑같은 보드게임인데 종류가 너무 많아 무엇을 고를지 고민해 본 적이 있나요? 겉으로 보기엔 같은 게임의 종류나 차이 등 궁금증을 깔끔하게 정리해 드리겠습니다.

루미큐브

1. 루미큐브 클래식

1930년대에 처음 개발돼 지금까지 사랑을 받아 온 루미큐브의 기본 버전입니다. 일자 형태 받침대와 굽은 형태 받침대 두 가지 종류가 있습니다.

2. 루미큐브 트래블

여행용으로 디자인된 버전입니다. 휴대하기 쉽도록 튼튼한 틴케이스에 구성물이 보관돼 있으며 작아진 타일과 받침대로 어디에서나 게임을 즐길 수 있습니다.

3. 루미큐브 퍼니백

상자가 아닌 파우치에 보관하기 때문에 휴대성이 우수하고 캠핑, 야외 활동 시 휴대하기 좋습니다.

4. 루미큐브 퍼니백 미니

루미큐브 퍼니백의 작은 버전입니다. 개방형 받침대가 들어 있는 퍼니백과는 다르게 폐쇄형 받침대가 들어 있습니다.

5. 루미큐브 클럽

받침대 없이 타일을 세워서 하는 루미큐브입니다. 쉽게 쓰러지지 않도록 무거운 재질로 제작된 타일이 들어 있습니다.

6. 루미큐브 트위스트

타일과 받침대가 모두 살짝 휘어 있는 독특한 모양새로 구성돼 있습니다. 또한 특별한 조커 타일이 포함돼 있어 새로운 게임을 즐길 수 있습니다.

7. 루미큐브 보이저

루미큐브 인피니티의 여행용 버전입니다. 인피티니의 소형화 받침대가 포함돼 있으며 받침대 네 개를 조립해 휴대용 보관함으로 사용할 수도 있습니다.

8. 루미큐브 그래피티

타일과 상자에는 미국의 길거리 그림 문화를 연상하게 하는 화려한 그림이 그려져 있습니다.

9. 루미큐브 마이 퍼스트

유아 버전의 루미큐브입니다. 네
가지 색의 받침대가 특징인 루미
큐브 마이 퍼스트는 유아들도 루
미큐브를 즐길 수 있도록 게임 방
법도 쉽습니다.

10. 루미큐브 워드

숫자 대신 알파벳으로 즐기는 루미큐
브입니다. 영어 단어를 조합하고 점수
를 얻는 방식으로 진행됩니다.

11. 루미큐브 한글워드

루미큐브 워드가 한글 버전으로 출시
됐습니다. 자음, 모음 타일로 한글 낱
말을 만들어 내려놓으세요.

할리갈리

1. 할리갈리

1990년대에 출시돼 아직도 사랑받는 게임입니다. 과일 카드
56장과 종으로 구성돼 있습니다.

2. 할리갈리 딜럭스

기존 할리갈리와 같은 구성이지만 과일 카드가 20장이 더 추가됐습니다. 기존에 6인용이던 할리갈리와 다르게 7인까지 게임을 즐길 수 있습니다.

3. 할리갈리 익스트림

기존 할리갈리에 동물 카드가 추가됐습니다. 동물 카드와 그 동물이 좋아하는 과일 카드가 함께 나오면 종을 친다는 추가 규칙이 생겼습니다.

4. 할리갈리 컵스 딜럭스

그림 카드와 종 그리고 다섯 색깔의 컵으로 구성돼 있습니다. 카드를 보고 먼저 문제대로 색깔 컵들을 쌓는 사람이 종을 치는 규칙입니다.

5. 할리갈리 링엔딩

그림 카드와 종 그리고 고리로 구성돼 있습니다. 카드를 보고 먼저 문제대로 손에 고리를 똑같이 끼운 사람이 종을 치는 규칙입니다.

6. 할리갈리 트위스트

다섯 개가 모이면 종을 치는 규칙은 그대로지만 색깔 또는 모양 중 하나라도 다섯 개가 모이면 종을 쳐야 한다는 규칙이 추가됐습니다.

7. 할리갈리 링크

80장의 그림 카드와 종으로 구성돼 있습니다. 같은 그림이 연결된 카드 일곱 장을 모으고 종을 치는 형식의 게임입니다. 숫자를 모르는 어린아이들과도 함께 즐길 수 있다는 장점이 있습니다.

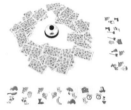

8. 할리갈리 주니어

어린이를 위한 할리갈리로, 같은 색깔의 광대가 나오면 종을 치는 간단한 게임입니다. 대신 울고 있는 광대가 나왔을 때는 종을 치면 안 됩니다.

9. 할리갈리 파티

카드에는 세 가지 속성이 있습니다. 첫 번째는 과일(라임, 바나나, 딸기), 두 번째는 악기(기타, 색소폰, 드럼), 세 번째는 색깔(빨강, 노랑, 초록)입니다. 그중 속성 두 가지가 같은 카드 두 장이 나오면 종을 치면 됩니다.

도블

1. 도블

여덟 가지 그림이 그려진 카드 55장
으로 구성돼 있습니다. 아무 카드나
두 장을 펼치더라도 두 카드 모두에
있는 똑같은 그림은 단 하나뿐입니다.

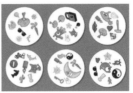

2. 도블 360

빙글빙글 돌아가는 도블 타워와 함께 더 재밌어
진 도블을 즐겨 보세요. 도블 타워 양쪽에 카드
를 꽂은 뒤 누르면 윗부분이 회전하며 잠깐만
카드를 보여 줍니다. 기존 도블에서 볼 수 없었
던 57가지 그림이 들어 있습니다.

3. 도블 커넥트

열 가지 그림을 담고 있는 카
드 90장으로 구성돼 있습니
다. 이전의 도블들과는 다르
게 같은 그림을 찾아서 이전
에 펼쳐진 카드에 연결해 내
려놔야 합니다. 같은 색깔 카

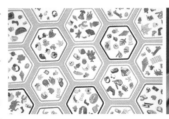 

드 네 장을 한 줄로 연결한 팀이 승자가 됩니다.

스플렌더

1. 스플렌더

전략 보드게임 중 가장 대중적인 인기를 누리고 있는 게임입니다. 점점 더 높은 단계의 개발 카드를 모으며, 얻은 승점이 가장 높은 사람이 승리합니다.

2. 스플렌더: 찬란한 도시

확장판으로 반드시 기본판과 함께 사용해야 합니다. 귀족 타일 대신 대도시 타일을 사용하며, 이 타일을 획득하는 것이 게임의 종료 조건입니다. '동방 교역로' 게임판과 '동방무역' 개발 카드 그리고 '성채'가 추가됐습니다.

3. 스플렌더 대결

7원더스 대결을 만든 브루노 카탈라 작가와 함께 2인 전용 게임으로 재탄생시켰습니다. 특권 두루마리와 진주 토큰 등 새로운 요소가 추가됐으며 보석을 가져가는 방식도 바뀌었습니다.

4. 스플렌더 마블

어벤져스 기호를 세 개 이상 모으면 어벤져스 어셈블 타일을 가져올 수 있습니다. 모든 스톤의 보너스, 타임 스톤까지 얻으면 인피니티 건틀릿을 차지해 승리합니다.

5. 스플렌더 포켓몬

볼을 사용해 포켓몬을 잡고, 잡은 포켓
몬을 진화시키며 승점을 획득하세요. 지
금까지 모은 포켓몬을 표시할 수 있는
도감 시트와 트레이너 타일이 새롭게 추
가됐습니다.

티켓 투 라이드

1. 티켓 투 라이드

전 세계 11개국에서 보드게임상
을 수상한 베스트셀러 게임입니
다. 북미 대륙 도시 사이를 노선
으로 연결하고 주어진 목적지를
들러 높은 점수를 얻으면 승리합
니다.

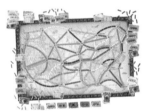

2. 티켓 투 라이드: 유럽

지난 무대였던 북미 대륙을 떠나
유럽 대륙으로 출발해 보세요.
기차역, 터널, 페리 등의 새로운
규칙을 통해 게임이 더욱 재미있
어졌습니다.

3. 티켓 투 라이드: 노르딕

스칸디나비아 반도를 포함한 북유럽
국가들을 횡단하세요. 기관차 카드, 페
리, 터널 등의 색다른 요소들이 게임의
재미를 더해 줍니다.

4. 티켓 투 라이드: 샌프란시스코

넓은 대륙이 아닌 도시 속을 무대로,
아름다운 항구 도시 샌프란시스코로
출발해 보세요. 페리를 연결하고 기념
품 토큰을 모으며 다른 버전들과는 또
다른 재미를 느낄 수 있습니다.

5. 티켓 투 라이드: 유령 열차

핼러윈 축제가 열리는 오싹한 마
을로의 여행이 시작됐습니다. 몰
입감을 더해 주는 유령 열차의
구성물과 함께 퍼레이드 열차를
타며 마을길을 연결해 보세요.

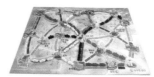

6. 티켓 투 라이드: 뉴욕

타임스퀘어부터 월스트리트까지 뉴욕의
랜드마크를 방문해 보세요. 다양한 교통
수단을 타고 1960년대의 뉴욕 곳곳을 구
경해 볼 수 있답니다.

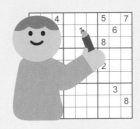

2장

1~2학년, 연산공부도 하고
순발력과 기억력까지 키운다

🎲 1~2학년 우리 아이를 위한 보드게임

첫 사회생활의 시작, 보드게임이 도와주다

학교에 들어가 어엿한 초등학생이 된 우리 아이들의 하루는 어떻게 흘러갈까요? 1~2학년 담임을 맡아 아이들의 하루, 그중에서도 쉬는 시간이나 점심시간처럼 아이들의 교우 관계를 확인할 수 있는 시간을 살펴보면 생각보다 아이들이 노는 방법을 모른다는 것을 알 수 있습니다. 술래잡기, 그림그리기, 책읽기 등 아이들은 각자 저마다의 활동을 하면서 시간을 보내고 있지만 이 활동만 1년 내내 하고 있는 아이와 다양한 놀이의 자극을 통해서 친구들과 교류하는 아이의 사회성 발달은 다를 수밖에 없습니다.

"선생님, 친구들이 저랑 안 놀아 줘요."
"쉬는 시간이 재미가 없어요."
"오늘은 친구들이랑 못 놀았어요."

아이들의 사회생활이 시작되는 초등학교 생활, 그중에서도 첫걸음을 떼는 1~2학년 저학년 아이들은 아직 친구 관계 맺기에 서툰 모습을 보이기 마련입니다. 내성적이거나 낯을 가리는 아이라면 시간이 해결해 주지만 사회적 경험이 적은 아이들의 경우에는 저학년 때 다양한 놀이를 경험하면서 나만의 사회적 스킬을 만들어 나가는 것이 아주 중요합니다. 이때 담임교사로서 개입하는 방법은 바로 보드게임이라는 새로운 놀이를 아이들에게 제공해 주는 것입니다.

보드게임은 서로에게 다가가기를 수월하게 만드는 역할을 합니다. "같이 놀자."라는 말 한마디를 건네는 것부터 자연스럽게 친구들 무리에 스며드는 것까지, 서로에게 다가서는 순간 학생들은 자신이 가진 최대한의 사회적 스킬을 사용하게 됩니다. 그러나 친구에게 다가가는 방법을 모르는 아이는 친구를 더욱더 사귀기 힘들어집니다. 무리에 함께 끼지 못해 속상한 마음에 친구를 툭 건드리다 보니 다른 아이들이 더욱 싫어하는 악순환에 빠지기 일쑤죠. 이런 악순환 속에서 아이는 고립되고 외로워 마음의 벽을 쌓기도 합니다. 저학년 때 이런 경험을 주로 겪은 아이들은 더더욱 위축될 수밖에 없습니다.

"남는 자리 있어? 나도 하고 싶어!"

보드게임은 친구에게 자연스럽게 다가서기를 할 수 있는 기회를 만들어 주는 통로가 됩니다. "나와 친구하자."라는 말보다는 "남는 자리 있어? 나도 하고 싶어."가 더욱 자연스러운 접근 방식이 될 수 있습니다. 또 보드게임은 일정 인원이 모여야 진행할 수 있는 경우가 있으므로 "너도 같이 할래?" "이거 할 사람 선착순 한 명!"이라는 친구의 제안과 함께 열리는 소통의 틈을 잽싸게 파고들 수도 있습니다. 친구와 어떻게 어울릴지 아직 감을 잡지 못한 1~2학년 어린이들은 이 과정에서 친구들과 어울리는 방법을 깨닫기도 합니다.

보드게임은 학교라는 아이의 사회생활에서 자신만의 역할을 만들어 자아효능감을 가지게 해주는 수단이 되기도 합니다. 2학기가 돼도 친구들과 잘 어울리지 못하고 친구들 주위만 맴맴 도는 아이들이 있습니다. 이런 아이들에게는 숨겨 뒀던 보드게임을 건네주며 "네가 선생님이 정한 전문가야. 친구들이 이거 하자고 하면 네가 알려 줘야 해!"라고 말하곤 합니다. 그러면 새로운 보드게임이 궁금한 아이들은 자석처럼 끌려들고 자연스럽게 무리에 합류해 친구들을 이끄는 경험을 하게 됩니다. 한두 번 만에 그동안 쌓지 못했던 사회적 스킬을 따라잡지는 못해도 작은 경험을 통해 자신감을 되찾고 친구들에게 자신의 장점을 보여 주는 기회로 삼을 수 있답니다. 학교생활을 시작하는 1~2학년 아이들로서는 학교에서 선생님이 부여하는 역할을 완수했다는 사회적 자아 효능감을 느끼며 학교생활의 좋은 추억을 쌓을 수 있습니다.

학교생활의 첫 단추를 꿰매는 1~2학년은 교과 수업을 따라가는 것도 중요하지만 학교라는 사회에서 타인에게 다가갈 수 있는 방법을 배우는 것과 자신만의 역할을 인지하고 임무를 수행하며 자아 효능감을 느끼는 것이 더욱 중요합니다. 이런 과정에서 다양한 놀이 자극을 제공해 줄 수 있는 보드게임을 활용할 수 있도록 보드게임에 관심을 가져 보는 것은 어떨까요?

🎲 이 책을 읽는 법

이번 장에서는 이제 막 학교에 입학한 1~2학년 아이의 수준에 맞는 스테디셀러 보드게임들을 재미보장과 공부머리, 두 기준으로 나누어 소개합니다.

재미보장 보드게임은 간단한 규칙을 바탕으로 짧은 시간 내에 플레이할 수 있는 게임들이 많습니다. 이제 규칙을 이해하기 시작하는 1~2학년 아이들의 재미 눈높이에 맞춰 보드게임을 선정했습니다.

공부머리 보드게임은 공간지각력, 연산력, 기억력 등 학교생활에서 학습을 할 때 필요한 능력들을 길러 주는 게임들로 모았습니다. 게임의 구성 요소들과 규칙이 학습 내용과 관련 있는 게임들이지요. 예를 들어 쉐입스 업에 나오는 구성품은 수학 교과서에 나오는 세모, 네모 모양으로 이뤄져 있습니다. 맞수와 셈셈 피자가게 또한 덧셈뺄셈 연산을 활용해야 하는 규칙으로 구성돼 있습니다. 마찬가지로 스택버거와 고피쉬의 경우에도 학습에서 꼭 필요한 능력인 기억력을 활용해야 한답니다.

1~2학년 아동과 보드게임을 할 때는 이런 점을 주의하세요.

첫째, 아이의 사고를 존중해 주세요. 1~2학년 아이들은 어른이 보기에는 어설퍼 보여도 자신만의 논리를 세워 나가는 발달 과정에 있습니다. 나름의 전략을 세웠을 때 그 전략을 존중해 주세요. 아이의 자존감을 지켜 주면서도 논리력을 기르는 데 도움이 된답니다.

둘째, 규칙은 차근차근히 적용하세요. 아직 배움의 용량이 크지 않은 아이들에게는 처음부터 세부적인 규칙들을 제시하기보다 핵심 규칙부터 적용하는 것이 좋습니다. 어떻게 적용해야 하는지 자세한 내용은 이번 장에서 소개해 드리겠습니다.

셋째, 경쟁 게임을 한다면 수준 차이가 벌어지지 않게 조정해 주세요. 수준 차이가 나는 경우에 필요한 팁들을 뒷부분에 정리했습니다.

넷째, 아이의 흥미가 지속되는 시간의 게임을 선택합니다. 학교에 들어갔지만 아직 우리 아이들의 집중 가능 시간은 15분 내외입니다. 너무 긴 시간이 필요한 게임을 선택한다면 게임에 대한 흥미를 잃고 말 겁니다.

다섯째, 게임은 함께하는 사람과 즐거운 시간을 보내기 위한 활동임을 알려 줍니다. 1~2학년 학생들은 이제 학교라는 같은 공간에 모여 서로 다른 환경에서 자란 친구들과 서로 상호작용을 하면서 사회성을 길러 나가게 됩니다. 그러한 상호작용 중 하나가 보드게임이 될 수 있겠지요. 따라서 게임의 즐거움에 심취한 나머지 친구에게 지켜야 할 예절을 잊지 않도록 알려 줘야 합니다. 승패보다도 규칙을 지키면서 친구와 혹은 부모님과 즐겁게 만들어 나가는 게임 시간이 더 중요하다는 것을 알려 주세요.

1~2학년 아동과 보드게임을 함께하면 이런 점이 좋아요.

첫째, 아이의 사회성을 발달시킬 수 있습니다. 초등학교 1~2학년 아이의 사회성을 기르는 무대는 가정에서 학교로 바뀝니다. 가정에서 게임을 익힌다면 학교에서 친구들과 시간을 보내는 방법에 보드게임이라는 선택지를 추가할 수 있습니다. 또 게임의 과정에서 자연스럽게 또래 아이들과 교류할 수 있게 됩니다.

둘째, 아이의 인지적 발달을 촉진할 수 있습니다. 보드게임에서 활용하는 능력들은 학교 수업에서도 활용하는 능력들입니다. 기억력, 연산력, 공간지각력 등을 교과서나 학습지를 통한 자극이 아닌 다양하고 생동감 넘치는 방식으로 자극해 기를 수 있습니다.

셋째, 아이의 정서적 발달에 도움이 됩니다. 1~2학년 아이들은 아직 자기중심적으로 감정을 인식합니다. 이 시기 아이들의 발달 목표는 다른 사람의 마음을 헤아리는 태도를 익히는 것입니다. 보드게임을 하면서 겪는 다양한 상황은 다른 사람의 감정을 이해할 수 있는 밑거름이 됩니다.

넷째, 아이의 사고를 확장시킬 수 있습니다. 보드게임을 하면서 자연스럽게 기른 다양한 사고력이 교실에서도 자연스럽게 연결됩니다. 쉐입스 업을 하면서 봤던 도형의 모양, 고피쉬를 하면서 만났던 단어를 학교에서 다시 보고는 반가워하는 아이의 모습을 떠올려 보세요. 반대로 교실에서 만났던 개념들을 보드게임에서 다시 만날 수도 있습니다. 이처럼 아이들의 사고는 확장하고 강화하면서 형성됩니다.

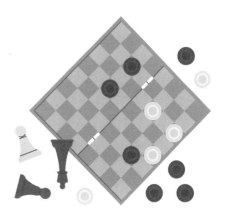

할리갈리

같은 과일 다섯 개가 보이면? 종을 치세요!

- ⊙ **인원:** 3~6인
- ⏱ **시간:** 20분
- ◎ **키워드:** #가르기와모으기 #집중력 #순발력 #종치기

과일 파티가 열렸습니다. 내 앞에 있는 카드를 뒤집다 보면 같은 과일 다섯 개가 책상 위에 나타납니다. 같은 과일 다섯 개가 보이면 누구보다 빠르게 종을 쳐야 해요. 두 눈을 크게 뜨고 다섯 개의 과일을 찾는 것도 중요하지만 먼저 종을 칠 수 있는 순발력 또한 중요합니다. 한국에서 가장 많이 팔린 보드게임, 꼭 한번 해봐야겠지요?

게임설명 같은 과일이 다섯 개가 되면 가장 먼저 종을 쳐 카드를 얻기

같은 수로 카드를 나누어 가진 후 각자 앞에 뒷면으로 쌓아 둡니다. 시계 방향으로 카드를 한 장씩 뒤집다가 같은 모양의 과일이 다섯 개가 보일 때 종을 칩니다. 가장 먼저 종을 치면 바닥의 카드를 모두 획득합니다. 자기 카드 더미가 떨어지면 게임에서 탈락하고 둘만 남았을 때 더 먼저 종을 친 사람이 승리!

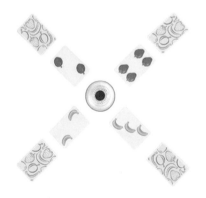

게임방법을
영상으로 살펴보세요.

할리갈리를 더 재미있게 즐기는 방법

카드를 뒤집을 때 다른 사람이 먼저 볼 수 있도록 바깥쪽으로 뒤집는 것이 공정한 플레이를 위해 중요합니다. 또한 카드를 뒤집는 손과 종을 치는 손은 각각 달라야 합니다.

게임을 하기 전에 카드의 종류를 살펴보는 것도 게임을 이해하는 데 도움이 많이 됩니다. 형제자매간 수준 차이가 많이 난다면 종의 위치를 실력이 낮은 아이 쪽으로 옮기는 것도 좋습니다.

종을 치는 대신 사탕, 지우개와 같은 작은 물건을 참가자 수보다 하나 적게 놓고 선착순으로 가져가도록 하는 것도 좋습니다. 물건을 못 가져간 사람은 바닥에 놓인 모든 카드를 가져가고 카드를 빨리 없애면 승리하는 방법도 있습니다.

할리갈리가 마음에 드셨다면?

구해줘! 소방 트레인

더미에서 카드를 공개하고 겹치지 않게 내려놓다가 소화기 카드가 나오면 조건이 충족되는 카드를 획득하는 게임입니다.

위그아웃

카드를 인원수에 맞게 나눠 가지고 같은 캐릭터 카드를 찾아 게임판에 내려놓는 게임입니다.

꼬치의 달인

꼬치 막대와 재료를 나눠 갖고 주문 카드를 뒤집어서 나오는 꼬치 모양과 똑같이 만드는 게임입니다.

프렌즈 캐치캐치

라이언은 나의 것!

- **인원:** 3~6인
- **시간:** 15분
- **키워드:** #순발력 #갖고싶다라이언 #카드모으기 #다함께진행

귀여운 카카오 프렌즈 친구들이 모였습니다. 쉴 새 없이 카드를 주고받다 보면 어느새 내 손에 같은 프렌즈 카드 다섯 장이 모입니다. 드디어 귀여운 라이언 인형을 차지할 수 있게 됐어요! 생각을 많이 해야 하는 게임이 싫다면 가벼운 카드 게임이 딱이지요! 귀여운 카카오 프렌즈와 함께 웃고 즐겨 보실까요?

게임설명 같은 카드를 모아 라이언 인형을 빠르게 차지하기

"하나 둘 셋"을 세면 동시에 필요 없는 카드 한 장을 시계 방향에 있는 친구에게 넘깁니다. 누군가 같은 프렌즈 카드 다섯 장을 모두 모아 "캐치캐치"를 외치면 앞에 놓여 있는 라이언 인형을 재빨리 하나씩 잡으세요. 못 잡은 친구는 안녕 카드를 받습니다. 안녕 카드 세 장을 모은 친구는 게임에서 안녕~!

게임방법을
영상으로 살펴보세요.

🎲 프렌즈 캐치캐치를 더 재미있게 즐기는 방법

게임 중에 원하는 카드가 잘 안 모인다면 다른 사람의 "캐치캐치"를 듣고 남은 라이언 인형을 노리는 전략도 괜찮습니다.

아무것도 그려져 있지 않은 빈 카드에 아이가 좋아하는 캐릭터 스티커를 붙이거나 캐릭터를 직접 그려서 나만의 카드 세트를 만들어 즐길 수 있어요.

배운 영어 단어로 카드를 만들어 활용하면 학습효과도 기대할 수 있습니다. 이때 "캐치캐치" 대신 완성한 영어 단어를 말하게 하면 좋습니다!

🎲 프렌즈 캐치캐치가 마음에 드셨다면?

유령대소동

유령이 찾는 물건은 무엇일지 빠르고 정확하게 찾아보세요. 펼쳐진 카드의 그림, 모양, 색깔이 모두 같은 물건을 빨리 찾는 게임입니다.

핸즈업

여러 가지 손동작을 카드에 그려진 흉내 내며 같은 카드를 가지고 있는 사람을 찾는 게임입니다.

붐붐

눈과 머리를 빠르게 움직여 같은 동물 카드 네 장을 누구보다 빨리 모아야 하는 게임입니다.

숲속의 음악대

우당탕탕 토끼 음악대!

- 🙍 **인원:** 3~6인
- 🕐 **시간:** 20분
- 💬 **키워드:** #순발력 #민첩성 #다함께즐겁게 #동작미션

콘체르토 그로소라는 카드 게임이 숲속의 음악대로 다시 돌아왔습니다. 다 함께 즐겁게 게임하고 싶을 때, 학교에서 쉬는 시간용으로 인기 만점 게임입니다. 토끼 악단의 연주자가 되어 친구들과 우당탕탕 정신없지만 즐거운 음악을 연주해 볼까요?

게임설명 🎵 **카드를 놓고 카드마다 정해진 행동을 하는 게임**

카드를 똑같이 나눠 가지고 뒷면이 위로 향하도록 쌓은 후, 자기 차례가 되면 카드를 가운데로 가져간 다음 재빨리 뒤집습니다. 카드에 북, 가수, 심벌즈, 지휘자가 나오면 정해진 행동을 해야 해요. 다른 연주자가 나오면 아무 행동도 하지 않습니다. 실수했을 때는 가운데에 쌓인 카드들을 모두 가져와 자기 더미에 합칩니다. 카드 더미를 다 쓴 친구가 두 명이 나오면 게임이 끝나고, 각자의 카드 수를 세어 승자를 가립니다!

게임방법을
영상으로 살펴보세요.

숲속의 음악대를 더 재미있게 즐기는 방법

가장 먼저 자기 앞의 카드를 바닥 낸 사람은 '말썽꾸러기'가 되어 다른 사람들을 방해할 수도 있어요. 실수를 해도 벌칙 카드를 받지 않기 때문에 일부러 잘못된 행동을 할 수 있어요. 그걸 따라 하는 사람들을 보며 더 재밌어진 게임을 즐겨 보세요.

아무런 동작이 없는 카드에 새로운 동작으로 미션을 추가해 난이도를 올릴 수 있어요. 다 함께 해당 카드에 어떤 행동을 할지 정하고 게임에 적용해서 다음 라운드를 진행해 보세요.

 이번에는 미션 카드와 행동을 모두 바꿔 볼까요? 어떤 카드를 행동 카드로 할지, 그때 어떤 행동을 할지 친구들과 이야기해 보세요. 여러분이 만들어 가는 숲속의 음악대가 될 거예요.

숲속의 음악대가 마음에 드셨다면?

할리갈리 컵스

카드를 보고 그림과 똑같은 색깔 순서대로 컵을 쌓고 종을 치는 게임입니다. 우당탕탕 컵을 빨리 쌓고 허무는 재미가 있어요!

크레이지 에그

액션 주사위에 그려진 행동을 빠르게 수행하고 에그 다섯 개를 모아 몸의 위치에 끼우면 승리하는 게임입니다.

꼼짝마!

자기 차례에 카드를 뒤집고 손으로 가리며 순서대로 돌아가다가 현상금 카드와 수배자 카드를 가진 사람을 지목해 체포하는 게임입니다.

스틱스택

이보다 더 간단한 게임은 없다!

- 🧑 **인원:** 2~10인
- 🕐 **시간:** 10분
- ❤️ **키워드:** #집중력 #협응력 #아슬아슬균형잡기

간단한 규칙에 스릴 만점인 파티게임을 원하시나요? 여기 딱 알맞은 게임이 있습니다. 규칙은 단 하나! 같은 색깔끼리 만나도록 스틱을 올려놓으면 됩니다. 어때요, 참 쉽죠? 1분이면 익힐 수 있는 간단한 규칙으로 온 가족 파티 게임을 바로 즐겨 보실까요?

게임설명 같은 색끼리 만나도록 스틱 올려놓기

차례 순서대로 주머니 속을 보지 않고 스틱 하나를 꺼내 컵에 쌓습니다. 이때 같은 색깔끼리만 닿아야 합니다. 스틱을 쌓다가 떨어뜨리면 떨어뜨린 스틱은 나의 벌점이 됩니다. 타워 위의 모든 스틱이 떨어지거나 타워가 쓰러지면 라운드가 종료됩니다. 떨어뜨린 스틱이 가장 적은 사람이 승리!

게임방법을
영상으로 살펴보세요.

스틱스택을 더 재미있게 즐기는 방법

 한 손만 사용해서 스틱을 올려놓아야 해요. 아이들과 게임을 할 때 아이들은 두 손을 모두 사용하도록 하면 참가자 간 수준 차이를 줄일 수 있어요.

스틱스택 막대의 스프링 부분을 좀 더 헐겁게 끼워서 받침대가 흔들리는 정도를 조절할 수 있어요. 받침대가 더 흔들릴수록 게임이 더 스릴 있어지겠죠?

열 명까지 플레이 할 수 있지만 여섯 명을 넘어가면 자기 차례가 돌아오는 시간이 너무 길어져 지루할 수 있어요. 사람이 많을 때는 팀전으로 진행하는 게 좋습니다.

스틱스택이 마음에 드셨다면?

크레이지 타워

마루 카드에 맞게 블록을 놓으며 탑이 쓰러지지 않도록 쌓아 가는 게임입니다. 균형감각과 공간지각력을 키울 수 있어요.

의자쌓기

무게중심을 잘 잡아서 의자를 높이 쌓아 올리는 게임입니다. 다 함께 높이 쌓는 협력 게임으로도 진행해 보세요!

텀볼

색깔 구슬이 무너지지 않게 하얀 구슬을 올려놓는 게임입니다. 집중력과 균형감각, 손의 섬세한 감각을 기를 수 있어요.

우노

카드가 한 장 남으면 외쳐요, 우노!

- 👤 **인원:** 2~10인
- ⏱ **시간:** 20분
- ⬇ **키워드:** #추억의원카드 #전략적사고 #나만의특수카드

지구상에서 가장 많은 사람이 즐기는 카드 게임이라는 우노! 우노는 스페인어로 하나(1)를 의미합니다. 추억의 원카드와 같은 형식의 게임이지요. 간단한 규칙이지만 전 세계 사람을 사로잡은 우노, 아이들과도 함께 즐겨 볼까요?

게임설명 같은 색깔이나 숫자 카드 내려놓기

내 손에 있는 카드 중에서 바닥 카드와 색깔 또는 기호가 같은 카드를 내려놓는 게임입니다. 내려놓지 않을 때는 더미에서 카드를 한 장 가져옵니다. 손에 카드 한 장이 남았을 땐 "우노"라고 재빨리 외쳐야 합니다. 다른 사람에게 들키면 내 손에 벌칙으로 다시 카드가 들어오기 때문이지요. 차례대로 카드를 내려놓다가 손에 있는 카드를 먼저 모두 내려놓는 사람이 승리!

게임방법을
영상으로 살펴보세요.

우노를 더 재미있게 즐기는 방법

아이들이 규칙을 어려워하면 특수 카드를 제외하고 게임을 해보세요. 규칙이 어느 정도 익숙해졌을 때 특수 카드를 추가하면 재밌게 즐길 수 있습니다.

우노에는 다양한 특수 카드가 있습니다. 그중 세 장의 규칙 만들기 카드에 나만의 규칙을 적으면 다양하고 창의적인 특수 카드를 만들 수 있습니다. 아이들과 재미있는 규칙을 직접 만들어 보세요!

자신의 우노 카드를 내려놓을 때 영어로 "블루(Blue), 파이브(five)"와 같이 색깔과 숫자를 함께 말해 보세요. 색깔, 숫자의 영어 단어를 재미있고 자연스럽게 익힐 수 있습니다.

우노가 마음에 드셨다면?

라마

조건에 맞게 카드를 내다가 마지막에 내 손에 남은 카드에 따라 감점을 받는 게임입니다. 게임 중간에 카드를 뒤집어서 라운드에서 탈출할 수도 있답니다.

붐폭탄게임

폭탄이라는 소재와 쉬운 규칙으로 어른과 아이 모두 재미있게 플레이할 수 있어요. 게임을 하며 10의 보수 개념도 학습할 수 있답니다.

우노 어택

우노 게임을 훨씬 더 재미있게 해주는 우노 어택을 활용해 보세요! 버튼을 누르면 카드가 튀어나오고 빛과 음향 효과도 있어 게임을 더 흥미진진하게 할 수 있어요.

치킨차차

Catch me if you can!

- 🧑 **인원:** 2~4인
- 🕐 **시간:** 15~20분
- 🔽 **키워드:** #기억력 #집중력 #닭들의꼬리잡기

치킨차차는 치킨과 차차차라는 춤을 합친 이름입니다. 농장의 닭들이 차차차를 배우기 위해 마당을 빙빙 돌며 연습합니다. 하지만 빙빙 돌다 보니 춤을 배우는 것은 뒤로하고 닭들의 경주가 돼 버렸네요. 마당의 길을 따라 달리며 전리품으로 다른 닭의 꽁지를 모두 얻어 멋지게 자신을 꾸민 닭은 누가 될까요?

게임설명 **기억력을 활용한 타일 뒤집기 레이싱 게임**

자기 차례가 되면 자신의 닭 바로 앞에 놓인 그림 타일이 어디에 있는지 찾으세요! 그림이 일치할 때마다 한 칸씩 전진하고 실패하면 바로 차례를 마칩니다. 다른 닭이 앞에 있을 때 그 닭을 앞지르면 그 닭의 꽁지를 뺏어서 내 닭에 꽂을 수 있어요. 모든 닭의 꽁지를 먼저 다 모은 사람이 승리!

게임방법을
영상으로 살펴보세요.

🎲 치킨차차를 더 재미있게 즐기는 방법

더 어린 자녀와 즐기고 싶다면 타일의 종류나 개수를 줄여 보세요! 외워야 하는 타일의 개수가 줄어들고 닭들 사이의 간격도 좁아진다면 게임의 난이도를 더 쉽게 조정할 수 있어요.

아이들에게 나만의 타일을 직접 그리도록 해서 나만의 게임으로 만들어 활용해도 좋습니다. 자신이 만든 타일이 나오면 반가운 마음에 어디에 있는지 더 잘 기억할 수 있어요.

다른 사람이 플레이할 때 잘못 뒤집는 것도 잘 보고 있어야 내 차례에 필요한 타일을 잘 찾을 수 있어요. 평소에 게임할 때에도 다른 사람의 플레이에 집중하는 습관을 키울 수 있어요.

🎲 치킨차차가 마음에 드셨다면?

펭글루

펭귄 몸속에 색깔 알이 숨어 있어요. 주사위를 던져서 나온 색의 알이 어느 펭귄에 숨어 있는지 찾아내는 기억력 게임입니다.

메모아르

해적이 되어 보물을 찾아 배로 돌아가야 합니다. 바로 전 카드와 장소가 같거나 동물이 같아야 성공입니다. 카드를 잘 기억해서 보물을 찾아 보세요!

마법의 미로

자석으로 된 말과 구슬을 이용해 게임판 아래에 보이지 않게 숨겨져 있는 미로를 기억해서 길을 찾아가야 하는 게임입니다.

쿠키박스

맛있는 쿠키를 누구보다 빠르게!

- 🧑 **인원:** 2~4인
- ⏰ **시간:** 15분
- 🔻 **키워드:** #순발력 #기억력 #같은배열만들기

쿠키 가게에 비상이 걸렸어요! 맛있는 쿠키의 주문이 몰려들고 있나 봐요. 주어진 주문표를 보고 가장 빠르게 쿠키 박스 선물 포장을 완성하세요! '땡~' 하고 종이 울릴 때마다 하나의 주문이 완성됩니다. 우리 집 쿠키 박스는 누가 가장 빨리 만들 수 있을까요?

게임설명 주문 카드와 같은 모양으로 쿠키 토큰 배열하기

각자 쿠키 토큰을 3×3 배열로 놓습니다. 공개된 주문 카드와 똑같은 모양이 되도록 쿠키 토큰을 옮기고 뒤집으며 맞춰요. 가장 먼저 똑같이 맞춘 사람은 종을 치세요! 성공했다면 주문 카드를 뒷면으로, 실패했다면 앞면으로 가져옵니다. 성공한 주문 카드 네 장을 먼저 모은 사람이 승리!

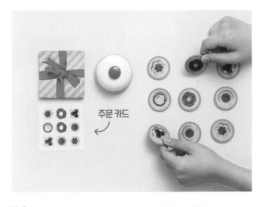

주문 카드

게임방법을
영상으로 살펴보세요.

🎲 쿠키박스를 더 재미있게 즐기는 방법

플레이어 간 수준 차이가 난다면 성공해야 하는 주문 카드의 개수를 조절할 수 있어요. 어른은 네 장, 아이는 두 장 식으로 목표를 조절해 보세요.

카드가 자신의 기준에서 보이는 대로 쿠키를 배열하기 때문에 어느 방향에서 게임을 진행하더라도 공평하게 할 수 있어요.

바둑돌과 같이 칩으로 사용할 수 있는 물건을 활용해서 정해진 시간 안에 완성하면 모두 칩을 가져갈 수 있도록 하면 성취감을 느낄 수 있어요.

🎲 쿠키박스가 마음에 드셨다면?

쿠키박스 포켓몬

포켓몬을 주제로 한 쿠키박스입니다. 포켓몬 카드에 그려진 포켓몬과 배열을 똑같이 맞추면 돼요. 종도 포켓볼 모양으로 바뀌어 아이들의 흥미를 끌기엔 제격이죠!

버거와썹

앞뒤 면이 다른 버거 카드를 잘 배치해 주문서에 맞게 햄버거를 빨리 만들어야 합니다. 주문 카드별로 난이도가 표시돼 있어 수준별 카드더미를 만들어 플레이할 수 있어요.

맘마미아

차례대로 피자토핑이나 주문서를 내서 피자를 많이 만들면 이기는 게임이에요. 그동안 어떤 토핑이 남아 있는지 잘 기억해야 합니다.

쉐입스 업

평면도형으로 땅따먹기

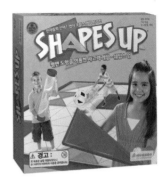

- 👤 **인원:** 2~4인
- ⏱ **시간:** 20~30분
- ♥ **키워드:** #평면도형의이동 #공간감각 #전략적사고력

쉐입스 업은 공간 개념을 쉽게 이해할 수 있도록 돕는 게임으로 삼각형, 사각형의 단순한 도형들로 이뤄져 있습니다. 멘사에서 선정한 지능향상 게임으로 도형을 이용한 공간지각력이 향상되며 게임을 통해 평면도형의 밀기, 돌리기 등의 방법을 활용한 전략적 사고력도 기를 수 있는 게임입니다.

게임설명 평면도형 타일로 내 게임판 채우기

쉐입스 업은 다양한 크기의 삼각형, 사각형 타일을 이용해 자신의 게임판을 채우는 게임입니다. 주사위를 던져서 나온 모양의 타일을 가져와 내 게임판에 놓습니다. 상대방의 타일을 가져올 수도 있고, 주사위를 굴리는 대신 내 게임판의 타일을 재배치할 수도 있습니다. 가장 먼저 게임판을 채운 사람이 승리!

게임방법을
영상으로 살펴보세요.

🎲 쉐입스 업을 더 재미있게 즐기는 방법

다른 참가자에게 타일을 뺏기기 싫다고요? 최대한 게임판의 가운데 부분에 타일을 놓아 보세요. 게임판 가장자리 선에 닿은 타일은 뺏길 수 있어요.

같은 색상의 타일은 변끼리 닿으면 안 돼요. 게임이 진행될수록 점점 타일을 놓을 자리가 없어지니 네 가지 색을 게임판에 적절히 분배해서 놓아야 합니다.

작은 삼각형은 게임판에 놓기가 제일 쉽습니다. 게임 후반부에 다른 참가자들의 작은 삼각형을 가져와서 게임판을 채우는 것도 전략입니다.

🎲 쉐입스 업이 마음에 드셨다면?

도형탐9생활

주사위를 굴리고 그림카드를 관찰해요. 주사위에 해당하는 도형을 재빨리 가져옵니다. 맞는 도형을 가져온 사람은 문제 카드를 획득합니다.

펭귄타쏘

자신의 스틱을 먼저 보드 위에 올려 없애세요. 2층, 3층 또는 4층으로 스틱을 올릴 수 있다면 자신의 스틱을 한 번 더 쓸 수 있습니다.

다이아몬드게임

자신의 말을 이동시켜 반대편에 모든 말이 먼저 도달하면 승리하는 게임입니다. 단순한 규칙이지만 수 싸움이 치열한 전략 게임입니다.

맞수 덧뺄셈 마스터
상대보다 빨리 답 말하기!

- 👤 **인원:** 2~4인
- 🕐 **시간:** 15~20분
- 🔽 **키워드:** #스피드연산 #덧셈과뺄셈 #관찰력

맞수는 덧셈과 뺄셈을 학습한 뒤 빠른 연산을 연습하기에 좋은 게임입니다. 상대방의 카드를 잘 관찰해 순발력 있게 계산해야 이길 수 있으므로 두 자릿수 이하의 기본적인 덧셈과 뺄셈을 자동화하는 데 이만한 게임이 없죠! 그럼 한번 즐겨 볼까요?

게임설명 빠르게 연산해서 상대방 카드 가져오기

시계 방향 순서로 카드를 한 장씩 내다가 나와 같은 색의 카드가 보이는 즉시 그 상대와 대결이 시작됩니다. 같은 색인 카드를 앞에 둔 두 명이 상대방 카드에 있는 계산을 하는 게임입니다. 상대보다 빨리 답을 말했다면 상대의 카드를 내가 가져올 수 있습니다. 게임이 끝날 때까지 가져온 카드가 가장 많은 사람이 승리!

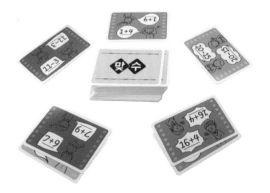

게임방법을
영상으로 살펴보세요.

맞수 덧뺄셈 마스터를 더 재미있게 즐기는 방법

 처음에는 덧셈 카드만 적용해서 간단한 덧셈을 연습하고 익숙해지면 뺄셈만 학습 후 덧셈과 뺄셈을 섞어서 게임 할 수 있어요.

연산에 자신 없는 아이에게는 미리 카드에 있는 문제를 풀어 보게 해주세요. 그 후 게임에 참여 하면 자신감을 얻을 수 있어요.

 계산이 어려운 아이도 카드를 획득할 수 있도록 중간에 난센스 퀴즈나 수수께끼, 초성퀴즈 등 의 문제를 넣어 놓으면 참가자 간 수준 차이를 극복할 수 있습니다.

맞수 덧뺄셈 마스터가 마음에 드셨다면?

로보77

숫자 카드를 내면서 더하기나 빼기 를 연습하는 게임입니다. 11의 배수 나 77 이상의 숫자가 되면 칩을 하 나 잃어요. 규칙이 쉬워서 저학년의 연산게임으로 좋습니다.

블리츠 한글자

연산이 아니라 상대방 카드에 해당 하는 단어를 먼저 말해야 하는 게 임입니다. 와일드 카드에 따라 어떤 단어를 말해야 하는지 조건이 달라 집니다.

맞수 구구단 마스터

맞수의 곱셈 버전입니다. 곱셈을 학습한 후 연산을 연습하고 속도를 빠르게 계산할 때 사용하면 좋습니 다.

셈셈 피자가게

재료를 구해 맛있는 피자를 만들어요!

- 🧍 **인원:** 2~4인
- 🕐 **시간:** 30분
- 📍 **키워드:** #연산력 #덧셈과뺄셈
  #전략적사고 #단계적학습

셈셈 피자가게 주방에서는 오늘도 맛있는 피자를 만들고 있습니다. 피자가게 주방을 돌아다니며 토핑 재료를 모아 주문서대로 피자를 먼저 만들어야 합니다. 30분 게임 한 판으로 덧셈과 뺄셈이 뚝딱! 맛있는 피자를 한 번 만들어 볼까요?

게임설명 **덧셈·뺄셈으로 토핑 모아 피자 완성하기**

이 게임은 자신의 말이 원하는 토핑 칸에 가도록 덧셈과 뺄셈을 해서 피자를 만드는 게임입니다. 숫자 카드로 필요한 토핑을 얻지 못할 때는 이벤트 칸에서 토핑을 얻을 수도 있답니다. 주문서에 필요한 토핑을 모두 모아 피자 세 판을 먼저 만들면 승리!

게임방법을
영상으로 살펴보세요.

셈셈 피자가게를 더 재미있게 즐기는 방법

처음에 계산이 익숙하지 않으면 헷갈릴 수 있어요. 함께 들어 있는 활동지를 사용하면 어떤 칸을 공략해야 하는지 전략 짜기가 더 수월합니다!

서로 연산 수준이 차이가 날 때는 잘하는 사람이 덧셈과 뺄셈 카드로 두 자릿수가 적혀 있는 카드만 쓰고 어려운 친구는 한 자릿수만 적혀 있는 덧셈과 뺄셈 카드를 사용하면 수준 차이를 좁힐 수 있어요!

주문서를 꼭 세 장만 사용하지 않아도 돼요. 한 장으로 줄여도 되고 주문서를 네 장, 다섯 장으로 늘려서 목표를 어렵게 만들 수도 있습니다!

셈셈 피자가게가 마음에 드셨다면?

구십구

덧셈과 뺄셈을 활용해 자신의 손에 있는 카드를 모두 내려놓는 게임입니다.

로꼬라마

내려놓은 카드의 합이 50이 되지 않도록 조심하세요. 자기 차례에 합이 50을 넘기면 0점, 다른 사람들은 손에 남은 카드가 모두 점수가 되는 방식이에요.

셈셈 테니스

구구단을 하며 테니스 경기를 하는 게임이에요. 구구단으로 공격과 수비를 하며 재밌게 익힐 수 있어요.

마헤
거북이들의 웃기는 레이싱 경기

- 👥 **인원:** 2~7인
- 🕐 **시간:** 15~20분
- ❍ **키워드:** #혼합계산 #온가족게임
  #주인님, 한 번 더 굴릴까요? #주사위레이싱

거북이들이 엎치락뒤치락하며 레이싱 경기를 하고 있습니다. 저 거북이는 아래 거북이 등에 올라타 쉽게 앞서가네요! 마헤는 게임 규칙이 간단하면서도 게임을 통해 덧셈, 곱셈, 혼합계산을 익힐 수 있는 게임입니다. 가족끼리 친구끼리 함께하면 더 즐거운 게임, 지금 한번 해보실까요?

게임설명 주사위 세 개를 굴려 가며 알 카드를 모으는 게임

각자 자신의 차례일 때 주사위 한 개를 굴리고, 나온 눈을 보고 주사위를 한 개 더 굴릴지 말지 선택할 수 있습니다. 주사위를 두 개/세 개 굴리면 주사위 눈의 합보다 두 배/세 배로 갈 수 있지만, 주사위 눈의 합이 7이 넘어가 버리면 출발 뗏목으로 가게 됩니다. 한 바퀴를 돌면 랜덤으로 적힌 알 점수 카드를 받을 수 있으며, 최종 점수가 가장 높은 사람이 승리합니다!

게임방법을
영상으로 살펴보세요.

🎲 마헤를 더 재미있게 즐기는 방법

거북이를 움직이는 칸 수를 계산할 때 아이가 어려워하면 쉬운 계산만 해보게 하고 나머지는 도움을 주시면 됩니다. 게임을 하면 할수록 계산에 익숙해지는 아이의 모습을 볼 수 있습니다.

같은 칸에 걸렸을 경우, 기존의 거북이 등에 업혀 가는 것이 이 게임의 묘미입니다. 아래 거북이 차례일 때 주사위를 더 던질지 말지 위에 탄 거북이가 결정할 수 있습니다. 이때 "주인님, 한 번 더 굴릴까요?"라고 존댓말로 물어보며 일시적으로 주인-하인이 되는 상황을 재미있게 즐겨 보세요.

여러 거북이가 겹쳐 있는 상태에서 아래 거북이의 주사위 눈의 합이 9를 넘어가면 업힌 거북이들이 모두 출발 뗏목으로 가는 웃기는 상황이 연출됩니다.

🎲 마헤가 마음에 드셨다면?

카트라이더 레이싱 게임

주사위를 굴리고 아이템 카드를 사용해 레이싱 대결을 펼치는 게임입니다. 누가 가장 먼저 도착할까 즐겨 보세요.

뱀사다리

주사위를 던져 나온 수만큼 이동하는 고전 게임입니다. 보드게임 입문용으로 남녀노소 누구나 쉽고 즐겁게 게임할 수 있습니다.

모두의 마블

주사위로 자신의 말을 움직여 가며 전 세계에 자신의 도시와 랜드마크를 건설하는 게임입니다.

슬리핑 퀸즈

잠자는 여왕을 깨워라!

- 🎲 **인원:** 2~5인
- ⏱ **시간:** 15~20분
- 💬 **키워드:** #전략적사고 #기억력
  #쉴새없는더하기 #캠핑용

팬케이크를 다스리는 여왕, 쿠키의 황제 그리고 용, 기사, 광대가 있는 상상의 나라로 초대합니다. 잠자는 여왕을 깨워 점수를 얻으세요. 게임을 할수록 더하기 연산에 익숙해지고 다양한 아이템 카드로 공격, 방어를 하며 전략적 사고를 할 수 있습니다. 휴대하기 좋아서 가족 여행에서도 하기 좋은 슬리핑 퀸즈, 지금 한번 만나 보실까요?

게임설명 **카드를 내어 가며 여왕 카드 모으기**

이 게임은 숫자 카드나 아이템 카드를 내며 여왕 카드를 모으는 게임입니다. 자신의 차례일 때 조건에 맞는 1~5장의 카드를 낸 만큼 새로운 카드를 카드 더미에서 가지고 오게 됩니다. 이때 얻은 아이템 카드로 여왕 카드를 얻거나 상대방의 여왕 카드를 뺏을 수 있습니다. 네 명 기준으로 여왕 카드 네 장을 모으거나 여왕 카드 점수를 40점 이상 먼저 모으면 승리!

게임방법을
영상으로 살펴보세요.

🎲 슬리핑 퀸즈를 더 재미있게 즐기는 방법

덧셈식을 만들어 많은 카드를 한 번에 낼 수 있도록 고민해 보세요. 1, 3, 4, 8이 있다면 1+3=4 보다 1+3+4=8이 더 많은 카드를 낼 수 있습니다. 게임을 잘하기 위해 더하기 연산을 머릿속으로 계속하게 되므로 학습적으로 좋습니다.

아이가 어리다면 처음 규칙을 익힐 때 용, 기사, 광대 카드는 빼고 시작해도 됩니다. 숫자 카드, 왕 카드, 여왕 카드만으로도 게임이 재미있게 진행됩니다. 아이가 기본 규칙에 익숙해지면 나머지 역할 카드를 추가해 주세요.

경쟁 방식으로 게임을 진행할 수도 있지만, 일정한 시간 동안 일정한 목표 점수 얻기를 미션으로 주어 협동 방식으로 게임을 진행할 수도 있습니다. 아이의 성향에 따라 게임 방식을 바꿔 주면 더 즐겁게 게임을 즐길 수 있습니다..

🎲 슬리핑 퀸즈가 마음에 드셨다면?

슬리핑 퀸즈 2

기존 슬리핑퀸즈 게임에서 왕과 왕비의 역할이 바뀌고 규칙이 조금 더 추가돼 난이도가 높아진 버전입니다.

페이퍼 사파리

카드를 바꿔 가며 자신의 동물 카드 여섯 장의 숫자 합을 가장 작게 만들면 승리합니다. 규칙이 간단하면서도 전략적인 요소가 필요해 재미있습니다.

도토리산

놓여 있는 두 카드의 합이나 차에 해당하는 카드를 내려놓으며 도토리산을 만들어 가는 게임입니다. 규칙이 간단하고 학습적으로도 좋습니다.

스택버거

햄버거 재료를 순서대로 찾아라!

- 👤 **인원**: 2~4인
- 🕐 **시간**: 10~15분
- 💬 **키워드**: #기억력 #알고리즘 #코딩_절차적사고

스택버거는 햄버거 재료 타일을 순차적으로 쌓아 가며(stack) 햄버거(hamburger)를 완성하는 게임입니다. 코딩에서 강조하는 절차적 사고력을 기를 수 있는 메모리 게임으로 플레이 시간이 비교적 짧고 규칙이 매우 간단해 학교에서도 집에서도 쉽게 손이 가는 게임입니다. 그럼 맛있는 햄버거를 만들러 가보실까요?

게임설명 **선택한 햄버거의 재료들을 차례대로 뒤집기**

햄버거 재료 타일들은 뒷면, 목표 햄버거 카드 세 장은 앞면이 보이게 둡니다. 자신의 차례일 때 자신이 완성하려는 햄버거 카드를 지목한 후, 해당하는 재료 타일들을 순서대로 찾습니다. 순서에 맞게 재료들을 모두 찾으면 햄버거 카드를 획득합니다. 햄버거 카드의 요리사 모자를 열 개 먼저 얻는 사람이 승리!

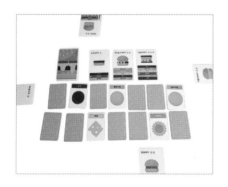

게임방법을
영상으로 살펴보세요.

🎲 스택버거를 더 재미있게 즐기는 방법

코딩의 가장 기본 개념인 순차란 컴퓨터처럼 일을 순서대로 수행하는 것을 말합니다. 햄버거 완성을 위해 맨 아래 재료부터 맨 위 재료까지 재료를 차례대로 찾는 과정을 통해 코딩의 순차 개념을 쉽고 재미있게 익힐 수 있습니다.

요리사 모자 열 개 모으기가 원래 승리 규칙이지만 정해진 시간 동안 요리사 모자를 가장 많이 모은 사람이 승리하는 것으로 변형해도 됩니다.

참가자들의 나이나 수준이 차이가 나는 경우, 각자 목표 요리사 개수를 달리하면 모두가 게임을 즐길 수 있습니다. 예를 들어 요리사 개수를 아빠는 열다섯 개, 아이는 열 개 모으면 승리하는 조건으로 게임해 보세요.

🎲 스택버거가 마음에 드셨다면?

치킨차차

자신의 닭 앞에 놓인 타일과 같은 그림의 타일을 가운데에서 뒤집으면 자신의 닭을 움직일 수 있습니다. 앞서가는 다른 닭을 잡는 기억력 게임입니다.

레이어스 플러스

카드를 차례대로 겹쳐 가며 미션 카드를 완성합니다. 순차적 사고를 기를 수 있는 코딩 게임입니다.

코드마스터

아바타의 움직임을 프로그래밍해 크리스털을 모으는 게임입니다. 1인용 게임으로 논리적 사고력을 기를 수 있습니다.

고피쉬

무한한 확장성의 카드 게임

- 🙂 **인원:** 2~5인
- 🕐 **시간:** 10~20분
- 💬 **키워드:** #기억력 #의사소통
   #다양한주제 #카드모으기

공부에 도움이 되는 보드게임 하면 가장 생각나는 게임 중 하나인 고피쉬 시리즈! 여러 방식으로 게임할 수 있고 한국사, 영어, 한글, 국어, 한자, 수학, 사회, 과학 등 다양한 교과의 42개가 넘는 학습 주제들이 나와 있어 원하는 주제로 즐길 수 있습니다. 학습과 재미를 모두 잡는 고피쉬의 게임 방법, 한번 알아보실까요?

게임설명 **질문 게임 / 메모리 게임 / 빙고 게임**

 세 종류의 게임 중 첫 번째는 참가자 중 한 명을 선택해 "★카드 있나요?"라고 물어 해당 카드가 있으면 그 카드를 얻는 게임입니다. 두 번째는 카드를 모두 뒤집은 후 차례대로 카드 두 장씩 뒤집어 짝이 맞으면 카드를 가져가는 게임입니다. 세 번째는 25장 카드의 단어를 종이에 적은 후 카드 한 장씩 뽑아 가는 빙고 게임입니다. 카드의 별을 가장 많이 모으는 사람이 승리!

질문 게임

메모리 게임

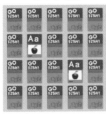

빙고 게임

게임방법을
영상으로 살펴보세요.

🎲 고피쉬를 더 재미있게 즐기는 방법

처음 시작할 때 아이가 배웠으면 하는 주제 혹은 아이가 좋아하는 주제로 시작하면 좋습니다. 특히 영어 ABC, 속담, 국가와 수도 편을 추천합니다.

메모리 게임으로 하는 경우 1인 플레이도 가능합니다. 정해진 시간 동안 몇 개의 짝을 맞출 수 있는지 기록해 보고, 점차 더 많은 짝을 맞추도록 도전할 수 있습니다. 단어도 익히고 혼자서도 재미있게 시간을 보낼 수 있어 일석이조의 효과가 있습니다.

고피쉬 카드의 가장 큰 장점은 세 종류의 게임 규칙을 익히고 나면 다양한 주제로 확장할 수 있다는 점입니다. 학습하면 좋은 주제를 추가 구입하거나 고피쉬-창작 카드에 자신이 원하는 단어들을 적어 게임을 할 수도 있습니다.

🎲 고피쉬가 마음에 드셨다면?

바나나그램스-초록/노랑

대문자(노랑), 소문자(초록) 알파벳 타일을 통해 다양한 방식으로 영어 놀이를 할 수 있어 추천합니다.

탐탐스쿨 영어

그림과 단어의 짝을 찾아 먼저 외친 사람이 카드를 가져갑니다. 이미지 연상 학습법으로 재미있게 영어 단어를 익히기 좋습니다.

마법사와 움직이는 탑

탑을 직접 옮기며 쌓는 재미가 있고 탑 속에 숨겨진 마법사의 위치를 기억해야 하는 간단한 메모리 게임입니다.

Column

보드게임을 고를 때
눈여겨보면 좋은 수상작들

보드게임 박스나 설명서를 보면 몇 년도에 무슨 상을 받았다는 표시가 있습니다. 영화, 드라마, 소설 등을 위한 시상식이 있는 것처럼 보드게임을 위한 시상식도 있습니다. 멘사에서 멘사 셀렉트라는 타이틀로 몇몇 보드게임을 추천하는 것처럼 각 나라, 각 단체마다 SDJ, DSP, IGA 등의 시상식이 있습니다. 매년 '올해의 게임'에 후보로 오른 것만으로도 영광인 대표적인 시상식을 소개합니다.

SDJ

슈필데스야레스(Spiel des Jahres)는 독일어로 '올해의 게임'이라는 뜻입니다. 보드게임 평가 및 진흥을 위해 창설된 독일의 슈필데스야레스협회에서 1979년부터 보드게임 및 카드게임을 대상으로 수여하기 시작한 상입니다. 저명한 보드게임 작가나 기자들을 평가단으로 구성해 전문성과 대중성을 겸비한 작품을 선정합니다. 1979년 첫 수상작인 토끼와 거북이를 시작으로 현재까지 매년 보드게임을 선정해 시상하고 있습니다. 1989년부터 어린이 게임상(Kinderspiel des Jahres), 2011년부터 전문가 게임상(Kennerspiel des Jahres)을 추가로 선정해 함께 발표하고 있습니다.

주로 가족 중심의 게임이 선정 대상이 되며 심사 기준은 게임의 창의성, 게임성, 규칙의 명확성 등이 포함됩니다. SDJ의 수상작이 될 경우 해당 게임의 판매량이 급증하는 효과가 있으며 보드게임의 인지도와 평판을 크게 향상시킵니다. 많은 보드게임 디자이너와 퍼블리셔가 이 상을 목표로 삼고 있으며 SDJ의 심사 기준을 충족하기 위해 많은 노력을 기울입니다. 대표적인 수상작들을 소개합니다.

1. 2001년 올해의 게임
카르카손
타일 놓기와 점령 요소를 결합한 게임

2. 2004년 올해의 게임
티켓 투 라이드
철도 노선을 연결하는 게임

3. 2018년 전문가 게임상
크베들린부르크의 돌팔이 약장수
주머니 속의 다양한 재료를 모아 물약을
제조하며 가장 뛰어난 물약을 만드는 게임

4. 2020년 어린이 게임상
스피디롤
고슴도치 공을 굴려 토큰을 얻는
신체활동 게임

IGA

국제게임어워드(International Gamers Awards)는 전 세계 게이머들이 주관하는 상으로 다양한 언어와 문화를 반영한 게임을 선정 대상으로 합니다. 2000년부터 2002년까지는 게이머스초이스어워드(Gamer's Choice Award)라는 이름으로 시상했고, 2003년부터 본격적으로 IGA라는 이름을 쓰기 시작했습니다.

이 상의 시상 기준은 게임의 전략성, 혁신성, 플레이어 상호작용 등입니다. 최고의 전략 게임상(General Strategy Games) 부문에서는 다인용 전략게임상(GS-MP), 2인용 전략게임상(GS-2P)으로 구분해 시상하고, 최고의 역사 시뮬레이션 게임상(Historical Simulation Games/HS) 부문에서도 수상작을 선정합니다.

IGA는 SDJ나 독일 게임상(DSP)에 비해 대중적인 인지도는 다소 떨어지지만 전 세계 보드게임 커뮤니티에서 높은 권위를 자랑하며 수상작들은 보드게임 팬들 사이에서 큰 인기를 얻습니다. IGA는 다양한 장르와 스타일의 보드게임을 인정하고 장려함으로써 보드게임 산업의 발전에 기여하고 있습니다. 이를 통해 보드게임의 문화적, 사회적 가치를 널리 알리고 있습니다. 대표적인 수상작들을 소개합니다.

1. 2005년 다인용 전략게임상
티켓 투 라이드
철도 노선을 연결하는 게임

2. 2008년 다인용 전략게임상
아그리콜라
일꾼 놓기 및 농장 가꾸기 게임

3. 2016년 2인용 전략게임상

7원더스대결

카드 드래프트 방식의 문명건설 게임

4. 2018년 2인용 전략게임상

코드네임듀엣

협력 단어 추리 게임

DSP

독일게임상(Deutscher Spiele Preis)은 1990년부터 프리드헬름 메르츠 페얼라그(Friedhelm Merz Verlag)에서 최고의 유럽식 보드게임을 선정해 시상하고 있습니다. 보드게임 애호가와 전문가의 평가를 반영해 업계 매장, 잡지, 전문가 및 온라인 등에서 투표를 합니다. 매년 10월 독일 에센에서 열리는 슈필 보드게임 박람회에서 발표됩니다.

시상 부문으로 최고의 게임에 해당하는 독일게임상, 어린이들을 위한 최고의 어린이게임(Deutscher Spiele Preis Best Children's Game Winner), 혁신적인 게임을 선정한 이노슈필 등이 있습니다. 대표적인 수상작들을 소개합니다.

1. 1994년 최고의 가족/성인 게임

젝스님트

논리적 사고력과 운 요소가 섞인 숫자 카드 놓기
게임

2. 1998년 최고의 어린이게임

치킨차차

닭의 꽁지 쟁탈전의 기억력 게임

3. 2017년 최고의 어린이게임

아이스쿨

펭귄 알까기 술래잡기

4. 2018년 최고의 가족/성인 게임

아줄

타일 배치 퍼즐 게임

이러한 상들은 보드게임 업계에서 매우 중요한 역할을 하며 수상작들은 종종 높은 평가를
받아 많은 사람에게 사랑받는 게임이 됩니다. 아이를 위한 보드게임을 고를 때 각종 수상 내
역이 있는 게임들을 눈여겨보는 것도 좋은 선택 기준이 될 수 있습니다.

아빠와 함게하면
효과가 두 배가 되는 게임들

우리 아빠를 위한 보드게임

하루 종일 일터에서 열심히 일하느라 집에 오면 녹초가 되는 아빠들. 집에 와서 아이들과 보드게임으로 놀아 주고는 싶지만, 아무 게임이나 다 하고 싶은 것은 아닙니다. 전략을 짜야하고 한 판에 30~40분씩 걸리는 복잡한 게임을 하기엔 퇴근 후 남은 에너지가 없습니다. 너무 쉬운 게임은 재미가 별로 없고, 할리갈리처럼 순발력이 필요한 게임은 아이들에게 백전백패입니다.

"아빠에게도 재미있는 보드게임 어디 없을까요?"
"아빠도 신나게 즐기고 가끔은 좀 이겨 보고도 싶다!"

피곤에 지친 아빠들도 보드게임 세계로 불러들일 수 있는 게임들을 소개해 드립니다. 아빠도 함께, 온 가족 모두 함께 웃으며 보드게임을 하는 아름다운 모습을 한번 기대해 볼까요?

1. 라스베가스

라스베가스는 미국의 화려한 도시 라스베가스를 모티브로 삼은 스테디셀러 보드게임으로 각자 주사위 여덟 개를 이용해 베팅을 하며 돈을 따는 전략적 주사위 게임입니다. 규칙이 아주 간단하면서도 결과를 예측할 수 없는 재미가 있어 평소 보드게임을 잘 하지 않는 아빠를 움직이게 하는 게임입니다. 어른끼리 해도 초등학생 자녀들과 하기에도 정말 재미있습니다.
안전하게 적은 돈을 얻을 것인가, 도전을 하며 큰돈을 노릴 것인

가? 눈치싸움과 치밀한 전략이 필요하고 주사위 행운도 필요하기 때문에 아빠가 최선을 다해 게임을 해도 아이와 승률이 비슷합니다. 일부러 못하며 져줄 필요 없이 주사위를 던지며 즐기면 됩니다.

게임에 몰입하며 더 재미있는 분위기를 만들기 위해 아빠가 노력해 주시면 더 좋습니다. "아이고, 2가 여섯 개나 나왔어. 어떡하지?"라며 크게 아쉬워한다거나 "오~ 이곳의 돈은 제가 모두 가져가겠습니다." "제발 6이 나와라." "과연 이번에 3이 나올까요?" "○○씨, 무엇이 나왔으면 좋겠습니까?"처럼 게임 중계를 맛깔나게 해주시면 함께하는 가족 모두 즐거워집니다.

2. 텀블링 다이스

텀블링 다이스는 주사위 알까기 보드게임입니다. 원목판의 출발 지점에서 주사위를 튕겨 주사위가 떨어진 위치에 따라 점수를 얻을 수 있습니다. 다른 사람의 주사위를 밖으로 튕겨 내기도 하고 자신의 주사위가 다른 주사위에 맞아 더 좋은 위치에

가기도 합니다. 마지막에 남은 자신의 주사위 눈의 수와 판 점수를 곱해 점수를 얻는 간단한 규칙으로 여러 판을 해도 게임 시간이 짧아 아이와 짧고 굵게 놀아 줄 수 있습니다. 아이가 "아빠, 알까기 실력을 좀 보여 주세요." 하며 아빠에게 게임을 건네도록 해보세요. 어렸을 때 바둑알로 알까기 좀 해본 아빠라면 마음이 쉽게 움직일 것입니다.

캐나다 보드게임 크로키놀, 포켓볼 원리와 비슷한 스페이스 X도 텀블링 다이스와 같은 알까기류 보드게임입니다. 셋 다 매력적이고 재미있습니다. 단, 모두 다 게임판의 크기가 꽤 크니 게임판 크기와 게임 방법을 미리 확인하고 구매하시길 바랍니다.

3. 스플렌더

전략 게임의 베스트셀러인 스플렌더도 아빠들의 보드게임 입문용으로 상당히 좋습니다. 전략 게임 중 비교적 간단하게 규칙을 익힐 수 있으면서도 점수를 얻기 위해 치밀한 전략을 짜야 하는 점에서 아빠들의 도전의식을 불러일으킬 수 있습니다. 여러 나라에서 베스트 게임으로 뽑혔을 만큼 게임 자체의 완성도가 높고 재미있습

니다. 게임 시간은 30~40분 정도라 주말에 아이와 같이 즐기기 좋습니다. 스플렌더를 통해 아빠도 무궁무진한 보드게임의 세계로 입문한다면 더 바랄 것도 없겠죠?

4. 5분 마블

5분 마블은 정신없이 자신의 카드를 내면서 공동의 악당을 물리치는 협력 카드 게임입니다. 한 판이 5분이면 끝난다는 매력적인 장점으로 "어찌 됐건 5분이면 끝나지!" 하며 아빠가 지친 몸을 끌고도 큰 부담 없이 참여할 수 있는 게임입니다. 앱을 다운받으면 실감나는 효과음과 함께 게임할 수 있습니다. 5분 마블의 캐릭터 카드 활용법을 잘 모르겠다면 빼고 진행해도 무방합니다. 5분이라는 시간에 쫓기며 카드를 마구 내다 보면 아빠도 동심으로 돌아가 게임에 몰입하게 될 겁니다.

5. 부루마불

부루마불 혹은 모두의 마블은 주사위를 던져 가며 세계 곳곳의 도시에 자신의 땅을 만들어 가는 게임입니다. 이 게임들은 아빠들도 어렸을 적 한 번씩 해본 경험이 많아 향수를 불러일으킬 뿐만 아니라 규칙에 대한 설명 없이 바로 시작할 수 있습니다. 한 판에 40분~1시간 정도 걸리므로 엄마는 살짝 빠져서 아이와 아빠가 함께 즐겁게 추억의 게임을 하도록 해주셔도 됩니다.

6. 간장공장 공장장

간장공장 공장장은 2024년 출시된 따끈따끈한 신작으로 정확한 발음으로 단어 읽기 게임입니다. 규칙이 간단하고 게임 시간이 짧으며 머리 쓸 필요 없이 카드에 적힌 단어를 읽기만 하면 되니 퇴근 후 게임하기에 부담스럽지 않습니다. 혀가 꼬이는 모습을 보며 온 가족이 깔깔거리면서 즐길 수 있는 게임입니다.

어른이든 아이든 정확한 발음으로 단어를 빠르게 말하는 것은 쉽지 않기 때문에 승패를 예측하기 쉽지 않습니다. 아이의 발음 연습에도 좋고, 아빠들의 묵직한 입을 떼는 데에도 좋습니다. 오늘 아이들과 재미있게 말놀이 대결 한번 해보실까요?

아빠들이 게임할 때 범하는 흔한 실수

1. 게임할 때 스마트폰 하지 마세요.

아이와 게임할 때 종종 스마트폰을 하거나 텔레비전을 보면서 플레이하는 아빠들이 있습니다. 다른 일을 하면서 게임을 하면 자신의 차례를 놓치거나 엉뚱한 플레이를 하면서 게임의 흐름을 끊고 함께하는 사람들의 즐거웠던 마음을 빠르게 식게 만듭니다.

아이와 놀아 줄 때에는 시간의 양만큼이나 질도 중요합니다. 아이와의 정서적 유대감을 나누려면 아이에게 온전히 집중해 주세요. 게임을 하면서 오히려 아이가 아빠에게 소외감이나 섭섭함을 느낀다면 아이와의 관계가 더 좋아지기 어렵습니다. 게임할 때에는 스마트폰은 멀리, 텔레비전은 잠시 꺼두시고 게임에 몰입해 주세요. 아빠가 본인들처럼 게임에 빠져드는 모습이 아이에게 더 친근하게 여겨질 수 있답니다.

2. 게임 승패에 집착하지 마세요.

종종 게임에 너무 도취돼 함께하는 아이의 표정을 보지 못하고 아이를 약 올리며 승리를 만끽하는 아빠들이 있습니다. 반면 게임에 졌다고 기분 나빠하거나 게임이 재미없다면서 분위기를 깨는 아빠들도 있습니다. 승부욕이 강한 아빠의 모습이 아이에게도 보인다면 어떻게 될까요?

게임에서 헤매거나 졌어도 웃음을 잃지 말고 아까워하는 표정을 지으며 "아~ 정말 아쉽네. 이번엔 아빠가 이긴다고 생각했는데." 하며 아쉬워해 주세요. 아이를 생각하는 아빠의 마음이 말로도 전달되도록 해주시면 참 좋습니다. 아빠가 승패를 담담하게 받아들이는 모습을 보여 주면 아이도 아빠의 모습을 보고 좋은 태도를 배울 수 있습니다. 게임의 승패가 중요한 것이 아니라 함께하는 사람들과 즐겁게 게임하는 시간이 더 중요한 가치임을 아이가 알게 해주세요.

3. 말없이 오로지 게임만 하지 마세요.

아이와 게임으로 놀아 준다면서 아무 말 없이 게임만 하는 아빠들도 간혹 있습니다. 게임을 하는 동안 아이와 친해질 기회를 놓치지 마세요. 아이와 게임을 하면서 자연스럽게 게임이나 일상에 대해 이야기를 나눠 보세요. 공통의 관심사나 함께 아는 이야기가 많아질수록 대화의 폭이 넓어집니다. 아이에게 다가가는 방법을 모르는 아빠일수록 게임을 활용해 보세요. 아이에게 어떤 게임류를 좋아하는지, 이 게임의 어떤 점이 좋은지, 학교에서는 어떤 게임을 하며 노는지 물어봐 주세요.

아이와 게임하는 이유는 아이와 더 친해지고, 재미있게 놀아 주기 위함일 것입니다. 아이가 아빠와 게임하는 시간을 행복한 시간으로 생각할 수 있게 해주세요. 아이와 소통하는 귀한 시간을 잘 활용해 아이와의 관계가 더 돈독해지길 바랍니다.

3~4학년, 영단어는 물론,
경제 개념도 익히는 보드게임

🎲 3~4학년 우리 아이를 위한 보드게임

학습 발달에 가장 중요한 시기

초등학교 3~4학년은 아이의 학습 발달에 있어 가장 중요한 시기입니다. 3학년이 되면 학교에서 배우는 과목들이 세분화됩니다. 영어가 교과목으로 새롭게 등장하고 학교 수업 시간도 저학년에 비해 늘어납니다. 국어 교과서에 등장하는 문장의 길이가 길어지고 단어 수준도 심화되며 사회·과학 과목의 지문 이해를 위해 풍부한 독서를 바탕으로 어휘력을 폭발적으로 확장시켜야 하는 시기입니다. 수학의 경우 분수, 나눗셈 개념을 익힐 뿐만 아니라 심화된 개념을 배우기 시작하면서 수학에 대한 어려움을 호소하거나 흥미를 잃는 아이가 생기는 시기이기도 합니다. 이렇게 중요한 시기에 왜 시간을 들여 보드게임을 해야 할까요? 바로 보드게임은 아이들이 즐겁게 놀이를 하면서도 여러 가지 학업에 도움이 되는 능력들을 개발시켜 주기 때문입니다.

공부를 한다는 부담감을 덜어 내고 친구들과 즐겁게 함께 어울리며 보드게임을 하면서 사칙연산, 도형 같은 학습적 요소를 익히고 무의식중에 영어 단어를 외우며 영어 공부도 할 수 있습니다. 아이의 흥미와 재미를 고려하면서도 학습적인 부분을 고려해 만든 좋은 보드게임들이 아이의 학습력을 자연스럽게 개발시켜 줍니다.

보드게임은 아이의 교우 관계에도 도움을 줍니다. 미취학부터 초등 저학년 때까지는 부모의 도움이 아이의 친구를 만드는 데 중요한 역할을 합니다. 하지만 3~4학년 시기가 되면 아이들은 자기 성향에 맞는 친구를 스스로 찾기 시작하고, 자신만의 힘으로 친구 관계를 유지해 가며, 자발적으로 친구와의 만남을 약속하곤 합니다. 이때 꽤 많은 아이가 친구와 놀고 싶은 마음은 있는데 같이 노는 기술이 부족해 친구 관계를 유지하는 데 어려움을 겪곤 합니다. 친구들과 함께 시간을 같이 보내긴 하지만 각자 게임을 하거나 유튜브를 보기도 하며 지속 시간이 짧은 간단한 게임만 하는 아이도 많습니다. 이런 아이에게 보드게임은 친구 사이를 돈독하게 이어 주는 좋은 도구가 됩니다. 친구들과 함께 어울리며 놀고 싶은 욕구를 보드게임을 통해 유익하게 풀게 해주세요.

🎲 이 책을 읽는 법

이번 장에서는 평생 학습 능력을 쌓고 인격을 형성하는 데 가장 중요한 시기인 3~4학년 아이들의 수준에 맞는 스테디셀러 보드게임들을 재미와 공부를 기준으로 나눠 소개합니다.

재미보장 보드게임은 간단한 규칙과 약간의 활동적 부분을 포함한 게임들이 많습니다. 모바일 게임이나 유튜브 등에 많은 시간을 쓰기 쉬운 만큼 왁자지껄 함께 모여 게임하고 몸을 움직이는 것을 좋아하는 3~4학년 아이들의 재미 눈높이에 맞춰 보드게임을 선정했습니다.

공부머리 보드게임은 도형의 이동과 같은 공간지각력, 큰 수의 연산력 등 학교 교육 과정에 기반한 게임들을 소개합니다. 3학년은 영어 과목을 처음 배우는 시기입니다. 교과서 어휘를 기반으로 만든 보드게임 잉글리시 트레인은 영어 공부에 효과적입니다. 모르는 단어가 있으면 아이가 스스로 뜻을 알아보기 위해 참조표를 확인할 수 있도록 만드는 게임입니다. 미니빌은 경제 게임으로 1차 산업, 2차 산업, 3차 산업의 구분도 익힐 수 있고 주사위의 확률에 대해서도 배울 수 있습니다.

3~4학년 아동과 보드게임을 할 때는 이런 점을 주의하세요.

첫째, 보드게임을 고민해 선택해 주세요. 3~4학년 아이들은 좀 더 복잡하고 전략적인 게임을 즐길 수 있습니다. 그러나 너무 어려운 게임은 아이들의 흥미를 잃게 할 수 있습니다. 적당한 난이도와 복잡성의 게임을 선택해야 합니다.

둘째, 게임을 시작하기 전에 규칙을 명확하게 설명해 주세요. 3~4학년 아이들은 이해력이 좋아지고 있지만 여전히 모호한 부분이나 복잡한 규칙에 혼란을 겪을 수 있습니다. 예시를 들어 가며 게임의 흐름을 설명하는 것이 좋습니다. 아이들이 잘 이해했는지 확인하기 위해 규칙을 설명해 보도록 시키는 것도 좋고 자기 차례에 해야 하는 일을 적은 내용을 보면서 게임을 하는 방법도 있습니다.

셋째, 지나친 경쟁이 되지 않게 해주세요. 아이들은 경쟁을 좋아하고 자신의 실력을 증명하려는 경향이 있습니다. 그러니 게임 중에는 항상 공정성을 유지하고, 어떤 아이도 배제되지 않도록 주의해야 합니다. 혹시라도 보드게임을 하는 중에 불만이나 갈등이 발생할 경우 적절히 관리해야 합니다. 사회성을 기르는 시기인 만큼 아이들이 갈등을 잘 해결하는 법도 배우는 기회가 됩니다.

넷째, 협력과 팀워크를 강조해 주세요. 같은 게임이라 해도 친구와 팀을 이뤄 같이 하게 함으로써 아이들이 서로 도와 가며 문제를 해결하고 목표를 달성하는 경험을 할 수 있도록 도와주세요. 4인 게임일 경우 두 명씩 팀을 맺고 서로 의견을 주고받으며 같이 게임하는 과정에서 함께하는 기쁨을 느낄 수 있고 서로 의견을 조율하는 능력도 덤으로 얻을 수 있습니다.

3~4학년 아동과 보드게임을 함께하면 이런 점이 좋아요.

첫째, 아이의 사회적 상호작용이 늘어납니다. 3~4학년 아이들은 또래 관계가 익숙해지면서 사회성이 잘 발달하는 시기입니다. 보드게임은 기본적으로 여러 명이 함께하는 활동이기 때문에 아이들이 친구나 가족과 함께 협력하고 대화하는 기회를 제공합니다. 이는 사회적 상호작용을 증진시키고 협력과 의사소통 기술을 향상시킬 수 있습니다.

둘째, 전략적 사고와 문제해결력이 강화됩니다. 대부분의 보드게임이 전략을 세우고 문제를 해결하는 데 중점을 두고 있습니다. 이제 3~4학년 아이들은 조금 더 발전된 전략을 사용하며 자신의 차례에서 최적의 결정을 내리는 데 필요한 전략적 사고를 발전시키고 다양한 상황에서 문제해결력을 강화할 수 있습니다. 그와 동시에 수학적 사고 및 계산력을 향상시킬 수 있습니다. 몇몇 보드게임은 주사위를 굴리거나 점수를 계산하는 과정에서 수학적 사고를 촉진시킬 수 있습니다. 이는 수학적 개념을 익히고 계산력을 향상시키는 데 도움이 됩니다. 수학이 어려워지는 시기의 아이들이 수학에 대한 흥미를 이어갈 수 있습니다.

셋째, 규칙 준수 및 자기통제력이 향상됩니다. 보드게임을 할 때는 게임의 규칙을 이해하고 준수해야 합니다. 보드게임은 도덕성이 발달하고 규칙을 지키는 당위성을 배우는 시기의 아이들에게 좋은 실습의 기회가 됩니다. 아이들이 자신의 차례를 기다리고 규칙에 따라 게임을 진행하고 패배했을 때의 자기통제력을 향상시키는 데 도움을 줄 수 있습니다.

넷째, 창의성과 상상력이 촉진됩니다. 깨작깨작 그림을 그리고, 상상의 나래를 펴 다양한 이야기를 꾸며 내길 좋아하는 아이들에게 주제나 이야기가 있는 보드게임은 학생들의 창의력과 상상력을 자극하는 요소가 됩니다. 자신의 캐릭터를 만들거나 이야기를 만들어 가는 과정에서 학생들은 자신의 상상력을 발휘하며 창의적 사고를 길러 나갈 수 있습니다.

텀블링 다이스

굴리세요! 쳐내세요!

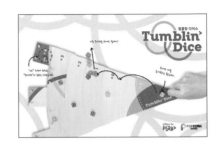

- **인원:** 2~4인
- **시간:** 5~10분
- **키워드:** #민첩성 #덧셈과곱셈 #알까기 #온가족게임

텀블링 다이스는 규칙이 매우 간단하고 플레이 시간도 짧아 남녀노소 누구나 함께 즐길 수 있는 파티 게임입니다. 정신없이 주사위를 굴리고 쳐내면서 즐겁게 웃고 있는 자신을 보실 수 있습니다. 우리 집 주사위 왕은 누가 될까요?

게임설명 **주사위를 튕겨 도착한 칸의 점수를 얻는 게임**

주사위를 굴리거나 쳐내면서 점수를 획득하는 게임입니다. 각자 주사위 네 개를 번갈아 모두 굴린 뒤, 주사위의 눈과 주사위가 위치한 구역의 숫자를 곱해 점수를 얻습니다. 4라운드가 끝날 때까지 점수를 많이 획득하면 승리!

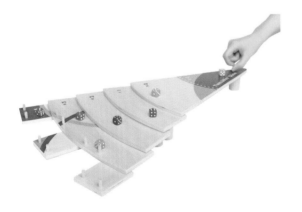

게임방법을
영상으로 살펴보세요.

🎲 텀블링 다이스를 더 재미있게 즐기는 방법

게임이 점점 익숙해지면 손가락으로 튕기는 것과 가볍게 던지는 것 중 어떤 방법이 나와 잘 맞는지, 상대 주사위를 쳐내는 것과 점수를 노리는 것 중 어떤 것이 유리한지 전략을 고민하게 됩니다.

게임판에 곱하기 점수 칸을 더하기, 빼기 등으로 바꾸면 감점 요소가 생겨서 게임을 좀 더 재미있게 변형할 수 있어요. 그리고 십, 백, 천, 만, 억, 조 등의 단위를 써 큰 수 학습에 활용할 수도 있어요.

책을 계단식으로 배치해 게임판을 쉽게 만들 수 있어요. 이렇게 하면 아이 수준에 맞게 난이도 조절이 가능합니다. 힘 조절을 어려워하는 아이에겐 게임판을 더 넓게, 잘하는 아이에겐 게임판의 함정을 더 많이 만들게 해보세요.

🎲 텀블링 다이스가 마음에 드셨다면?

포켓알까기X

알까기로 즐기는 포켓볼 게임으로 공간지각력과 판단력을 높일 수 있습니다. 어른들도 즐겁게 할 수 있어요.

포켓몬 알까기

아이들이 좋아하는 포켓몬 캐릭터로 양면 보드에 디펜스 알까기, 멀리 날리기, 컬링 알까기 등 세 가지 게임이 가능합니다.

크로키놀

게임판 위 내 디스크를 튕겨 상대의 디스크를 도랑에 빠트려 봅시다. 디스크를 모두 사용하고 게임판에 남아 있는 디스크의 위치에 따라 점수를 더해 승부를 가려요.

달밤의 베개싸움

베개를 던지고 막자!

- 👤 **인원:** 3~6인
- 🕐 **시간:** 15분
- 🔄 **키워드:** #순발력 #파자마파티 #집중력 #세탁가능

밤이 되었습니다. 베개싸움을 할 시간이죠! 달밤의 베개싸움은 카드를 보고 카드에 맞는 행동을 수행하는 파티 게임입니다. 베개는 단 두 개뿐이라 가장 빠른 두 명만이 베개를 가져와 행동을 수행할 수 있습니다. 실제 미니 베개로 게임을 진행하기 때문에 더 실감나게 게임을 할 수 있답니다!

게임설명 ## 누구보다 빠르게 베개를 쟁탈하여 카드 행동하기

모두 동시에 카드를 공개하고 카드에 맞는 행동을 해야 합니다. 공격 카드가 나오면 베개를 가져와 방어 카드를 공개한 사람에게 던지세요. 방어 카드가 나오면 베개를 가져와 공격을 막으세요. 쿨쿨 카드가 나오면 베개를 가져와 베고 편안하게 주무세요. 행동을 올바르게 수행한 사람은 자기 카드를 버리고 가장 먼저 모든 카드를 버리면 승리!

게임방법을
영상으로 살펴보세요.

달밤의 베개싸움을 더 재미있게 즐기는 방법

 혹시나 베개를 던지다가 다치면 어떻게 할까 고민이라고요? 걱정 마세요. 지퍼처럼 단단한 부분이 하나도 없는 말랑말랑한 솜 베개라서 다칠 위험은 없습니다.

만약 승부욕이 강한 아이와 게임을 한다면 규칙을 살짝 변형해 보세요. 베개를 직접 던지는 대신, 그냥 베개를 가져오면 성공한 것으로 규칙을 바꿔 진행할 수도 있습니다.

 게임을 조금 더 박진감 있게 즐기고 싶다면 미션 카드를 소리 내어 외치며 진행해 보세요. "공격!" "방어!" 등을 직접 소리치며 게임하면 재미가 두 배가 될 거예요.

 달밤의 베개싸움이 마음에 드셨다면?

블링블링 캐치	도블	레알 아보카도양
알록달록 다양한 모양의 보석을 차지해 보세요! 내가 받은 다섯 장의 도전 카드에 맞는 보석을 빠르게 가져와서 카드 위에 먼저 놓고 획득한 카드의 점수 총합이 높으면 승리!	55장의 카드 중 아무 카드나 두 장을 펼치더라도 두 카드 모두에 있는 똑같은 그림은 단 하나뿐! 카드를 뒤집었을 때, 공통되는 그림 하나를 찾아 그 이름을 외치세요!	아보카도 몇 개라고 차례대로 외치며 카드를 바깥쪽으로 뒤집어 냅니다. 같은 카드가 연달아 나오거나 외친 숫자와 공개된 카드 숫자가 같은 경우 아보카도양을 외치며 손을 내리치세요!

타코 캣 고트 치즈 피자

왁자지껄 순발력 게임

- 🎯 **인원:** 2~8인
- 🕐 **시간:** 15분
- 🔑 **키워드:** #순발력 #마성의주문 #집중력 #친구들다모여

타코 캣 고트 치즈 피자는 연관성이 없어 보이는 단어들을 순서대로 외치고 카드를 펼치는 파티 게임입니다. 처음에는 단어 순서가 헷갈려 어리바리할 때도 있지만 어느 순간부터 입에서 계속 마성의 주문을 외치게 됩니다. 자, 함께 외칠 준비되셨나요?

게임설명 이때다 싶을 때 재빨리 손 올리기

"타코-캣-고트-치즈-피자" 주문을 순서대로 외치며 카드를 펼치다가 단어와 카드가 일치하면 재빨리 손을 테이블 가운데에 올립니다. 가장 늦은 사람이 카드를 모두 가져갑니다. 자기 카드를 다 낸 사람이 가장 먼저 테이블 위에 손을 올리면 승리!

게임방법을
영상으로 살펴보세요.

🎲 타코 캣 고트 치즈 피자를 더 재미있게 즐기는 방법

빠르게 손을 올려야 하는 게임이기 때문에 세게 올리거나 손을 찌르듯이 내밀면 다치는 경우가 있습니다. 손 올리기 대신 인원수보다 한 개 적은 인형을 두고 선착순으로 잡는 방식으로 바꾸면 조금 더 안전하게 게임을 할 수 있습니다.

게임을 열심히 하다 보면 누가 손을 먼저 올렸는지 판단하기 어려운 상황이 생깁니다. 게임 시작 전 이런 경우에는 가위바위보로 할지 반씩 나눠 가질지 등 규칙을 미래 정해 두고 시작하는 것이 좋습니다.

게임에 익숙해졌을 때 특수 카드의 동작을 바꾸면 색다르게 즐길 수 있습니다. 또 빈 카드를 활용해 새로운 주문을 만들어 플레이할 수 있습니다. 자신이 만든 카드로 하는 게임 재미있겠죠?

🎲 타코 캣 고트 치즈 피자가 마음에 드셨다면?

타코 캣 시리즈

타코 캣은 다양한 시리즈가 나와 있어요. 타코 햇, 타코 백, 어린이용 버전, 여자월드컵 기념판 그리고 포켓몬 에디션까지! 타코 캣이 만족스러우셨다면 다양한 시리즈에 도전해 보세요.

케자오

관찰력과 순발력이 중요하며 그림에 사용된 색깔들을 보고 주사위 조건에 맞게 카드를 내려놓는 게임입니다.

연어는 행복해

손에 든 카드 더미 맨 앞에 보이는 카드의 이름을 외치며 같은 이름을 외치는 친구를 찾아 동작을 함께하는 게임입니다.

할리갈리 컵스

누구보다 빠르게, 카드와는 똑같게

- 👤 **인원:** 2~4인
- 🕐 **시간:** 15분
- ◎ **키워드:** #순발력 #협응력 #친구들이놀러왔을때
  #누가누가빠르나

할리갈리 컵스는 보드게임의 대명사 할리갈리와 컵 쌓기를 결합한 게임입니다. 기본 할리갈리가 순발력 게임이라면 할리갈리 컵스는 카드를 보고 컵을 움직이는 과정에서 순발력뿐만 아니라 협응력도 기를 수 있습니다. 규칙도 매우 간단해 누구나 쉽게 즐길 수 있죠. 알록달록 컵과 기발한 카드 그림들이 매력적인 할리갈리 컵스! 즐길 준비가 되셨나요?

게임설명 그림대로 컵을 배치한 후 재빨리 종치기

카드 더미 맨 위의 카드를 펼치고 그림의 배치대로 각자의 컵을 놓습니다. 먼저 완성한 사람이 종을 칠 수 있으며, 그림과 컵의 위치가 일치한다면 카드를 가져갑니다. 만약 다르다면 그 사람은 제외하고 나머지 사람들만 다시 카드를 펼쳐 진행합니다. 카드를 가장 많이 가져간 사람이 승리!

게임방법을
영상으로 살펴보세요.

🎲 할리갈리 컵스를 더 재미있게 즐기는 방법

게임에 익숙하지 않은 아이와 함께한다면 정식으로 게임을 하기 전에 먼저 카드를 보고 혼자서 컵을 놓아 보게 하는 것이 도움이 됩니다. 게임을 진행할 때는 카드 그림의 상하좌우가 중요하니 아이가 카드를 정면으로 볼 수 있게 놓아 주는 것이 좋습니다.

함께 게임을 할 사람이 없다면 1분에 일곱 장 성공하기와 같이 목표를 정하고 도전하는 형식으로 게임을 즐길 수 있습니다.

할리갈리 컵스의 매력 중 하나는 바로 기발한 카드 그림들입니다. 빈 카드를 사용해서 아이들과 함께 문제 카드를 만들어 보세요. 아이들의 기발한 발상에 깜짝 놀라실 수도 있어요!

🎲 할리갈리 컵스가 마음에 드셨다면?

주플

아기자기 귀여운 동물 블록이 매력적인 게임으로 카드를 뽑아 그려진 동물 블록을 한 손으로 높이 쌓는 게임입니다.

꼬치의 달인

꼬치 막대와 재료를 나눠 갖고 주문 카드를 뒤집어서 나오는 꼬치 모양과 똑같이 만드는 게임입니다.

뒤죽박죽 서커스

카드를 보고 모양을 완성한다는 공통점이 있는 게임입니다. 하지만 서로 다른 카드를 가지고 블록은 함께 사용하기 때문에 의도하지 않게 방해할 수도 도와줄 수도 있다는 점이 재미있는 게임입니다.

너도? 나도! 파티

어? 너도 나도!

- **인원:** 3~12인
- **시간:** 15~20분
- **키워드:** #연상력 #공감력 #파티게임 #텔레파시

사람들이 자주 잃어버리는 물건은 무엇일까요? 여러분의 머릿속에 떠오른 그 물건이 다른 사람들의 머릿속에도 떠올랐을까요? 서로의 생각에 대한 이해와 공감으로 웃음꽃을 피울 수 있는 보드게임, 너도? 나도! 파티를 소개합니다!

게임설명 주제에 대해 다른 사람도 떠올릴 만한 단어 쓰기

이 게임은 주제에 대해 떠오른 여섯 개의 단어를 적어 내는 게임입니다. 만약 내가 적은 단어를 다른 사람들이 적었다면 그 단어를 적은 사람의 수만큼 점수를 얻습니다. 단, 그 단어를 나 혼자 적은 경우에는 0점입니다. 3라운드를 진행해 가장 많은 점수를 얻은 사람이 승리!

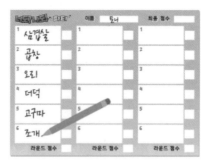

게임방법을
영상으로 살펴보세요.

🎲 너도? 나도! 파티를 더 재미있게 즐기는 방법

"이건 이 주제와 왜 연관이 있다고 생각했어?"라는 질문을 꼭 해보세요. 게임을 하면서 서로에 대해 더 잘 알아 갈 수 있습니다.

함께 있는 다양한 주제 카드뿐만 아니라 게임을 하는 사람들끼리 주제를 정해서 너도? 나도! 파티 게임을 진행할 수 있습니다. 우리만의 더 깊은 이야기를 하고 싶을 때 나만의 주제 카드를 만들어 게임해 보세요!

반대로 가장 낮은 점수를 얻는 사람이 이긴다고 한다면 다른 사람이 떠올리지 못하는 기상천외한 생각들을 떠올릴 수 있을 거예요!

🎲 너도? 나도! 파티가 마음에 드셨다면?

저스트 원

주제를 듣고 단어를 떠올리는 보드게임입니다. 술래가 답을 맞힐 수 있도록 단 하나의 힌트만 쓸 수 있답니다.

딕싯

상상할 요소가 가득한 신비로운 그림을 보고 출제자의 의도를 맞혀 보세요. 서로 대화하고 공감하면서 재미를 느낄 수 있습니다.

스크리블 타임

단어를 듣고 떠오른 그림을 빠르게 그리세요. 짧은 시간 안에 단어의 특징을 그림으로 그려 내야 하는 재치가 필요합니다.

블리츠

같은 색이 나오면 외쳐요!

- ⊙ **인원:** 3~6인
- ⊙ **시간:** 20분
- ⊙ **키워드:** #순발력 #단어연상 #상식 #연속대결

대중교통, 악기, 라면 브랜드, 채소, 나라 이름을 얼마나 알고 있을지 생각해 본 적 있나요? 블리츠는 상대방 카드에 적힌 주제에 해당하는 낱말을 순간적으로 생각해서 외쳐야 하는 게임입니다. 우리는 얼마나 빠르게 답을 외칠 수 있을까요? 블리츠를 하며 내 상식과 단어 연상력을 테스트해 보세요.

게임설명 **카드에 적힌 주제의 낱말을 빠르게 외치는 게임**

카드를 잘 섞어 두 개의 더미로 나누고 자신의 차례에 카드를 가져와 자기 앞에 모두가 잘 볼 수 있도록 공개합니다. 이때 같은 색의 카드가 펼쳐지면 상대방의 카드에 쓰인 주제의 단어를 외치는 사람이 카드를 획득합니다. 특수 카드로 다른 색끼리 대결이 일어날 수도 있고 연속 대결이 일어날 수도 있습니다. 더미의 카드가 떨어지면 카드를 가장 많이 획득한 사람이 승리합니다.

게임방법을
영상으로 살펴보세요.

🎲 블리츠를 더 재미있게 즐기는 방법

게임을 진행하다 보면 특수 카드가 나옵니다. 특수 카드는 두 가지 색이 지정돼 있어 같은 색뿐 아니라 다른 색끼리도 대결을 펼칠 수 있습니다. 특수 카드가 나오면 더 집중해서 게임을 해야 해요.

처음 플레이할 때에는 카드를 다른 사람이 먼저 보이게 여는 것을 연습해 보세요. 대결이 일어나도 눈치채지 못하는 경우가 있으니 옆 사람이 대결이 일어났다고 이야기해 주세요.

어떤 주제의 카드가 있는지 살펴보고 카드 획득 협력 놀이를 해보세요. 카드를 열어 한 명이 한 개씩 단어를 이야기해 보고 모두가 제시간 안에 답을 이야기하면 카드를 획득하며 주제 카드를 익히는 시간을 가져 보세요.

🎲 블리츠가 마음에 드셨다면?

블리츠 한글자

블리츠와 같은 방법으로 진행되고 주어진 초성으로 시작하는 낱말을 말하면 됩니다. 특수 카드의 조건이 게임을 더 재밌게 해줍니다.

워드 캡처

주제 카드에 있는 알파벳과 카드 더미에 있는 알파벳이 일치한다면 그 주제에 대해 연상되는 단어를 먼저 한 가지 말해야 하는 게임입니다.

워드 온 더 스트리트

주제 카드에 적힌 영어 단어를 말하고 철자 타일을 자신에게 끌어오는 게임입니다. 긴 단어일수록 게임에 이길 수 있으니 여러 단어를 생각해야 합니다.

독수리 눈치싸움

카드로 하는 눈치 게임

- 👤 **인원:** 2~5인
- 🕐 **시간:** 20분
- 🔽 **키워드:** #수크기비교 #기억력 #심리대결 #눈치게임

독수리와 미어캣, 내가 잡은 것은 무엇일까요? 독수리 눈치싸움은 처음부터 끝까지 미어캣 카드를 차지하고 독수리 카드를 넘기기 위해 눈치를 보는 게임입니다. 게임 시간이 짧지만 조마조마함을 느낄 수 있는 눈치싸움 한번 해보시겠어요?

게임설명 **카드 숫자로 경합을 벌여 점수 카드를 획득하는 게임**

이 게임은 1부터 15까지의 숫자 카드를 동시에 내려놓아 + 점수 카드는 높은 숫자 카드를 내려놓은 사람이, − 점수 카드는 낮은 숫자 카드를 내려놓은 사람이 얻는 게임입니다. 같은 숫자는 승부에서 빠진다는 규칙이 있어서 무조건 높은 수가 좋은 점수를 얻지 못한다는 것이 묘미입니다. 열다섯 장의 카드를 모두 내려놓은 후 획득한 점수 카드가 높은 사람이 승리!

게임방법을
영상으로 살펴보세요.

독수리 눈치싸움을 더 재미있게 즐기는 방법

독수리 눈치싸움은 게임이 끝나고 점수의 결과가 같은 경우 그다음 순위의 사람이 승리합니다. 하지만 아이들과 할 때에는 공동 1위인 사람 모두 승리하는 것으로 바꾸는 것을 추천합니다.

게임에 익숙하지 않은 어린이의 경우에는 -1~-5 카드를 제외하고 숫자 카드도 1~10까지 카드만 이용해서 높은 숫자가 + 점수를 획득하는 것으로 먼저 게임의 규칙을 익혀 보는 것도 좋아요.

독수리 눈치싸움의 숫자 카드를 이용해 다음 카드가 8보다 높은 수일지 아닐지, 또는 앞 카드보다 높은 수일지 아닐지를 추측해 보는 활동을 해보세요. 직관적인 확률에 대한 감각을 익히는 데 좋은 활동이 될 수 있어요.

독수리 눈치싸움이 마음에 드셨다면?

카리바

물 웅덩이 번호 칸에 해당 동물을 내려놓고 자신보다 약한 동물을 점수로 가져오고 많은 카드를 모은 사람이 이기는 게임입니다.

스트림스

타일을 뽑아 나온 수를 최대한 오름차순이 연결되게 적는 게임입니다. 모둠으로도 단체로도 재미있는 게임입니다.

재치와 눈치

문제 카드에 있는 답을 예측해 정답판에 적고 친구들의 정답판을 보며 답을 예측합니다. 예측 성공판에 숫자를 적거나 예측에 성공하면 점수를 얻는 게임입니다.

우봉고

퍼즐을 맞추고 외쳐요, 우봉고!

- **인원:** 2~4인
- **시간:** 20~25분
- **키워드:** #도형퍼즐 #공간감각 #폴리오미노 #보석뽑기

우봉고는 여러 정사각형을 이어 붙여 만든 도형인 폴리오미노를 이용해 퍼즐을 맞추는 게임입니다. 영재 수업에서도 아이들의 도형 감각을 키우기 위해 많이 활용되고 있습니다. 보석 뽑기까지 더해서 퍼즐을 잘 푸는 아이도, 조금은 느리게 푸는 아이도 모두 즐길 수 있는 게임이에요. 빠른 시간 동안 도형 퍼즐을 풀어 내는 최고의 두뇌를 가진 친구는 과연 누가 될까요?

게임설명 **도형의 이동을 활용한 퍼즐 맞추기**

각자 문제 카드 여덟 장과 퍼즐 조각을 한 세트씩 가집니다. "준비, 시작" 구호와 함께 모래시계를 돌리고 모래가 다 떨어지기 전까지 자신의 퍼즐 조각으로 문제 카드를 채웁니다. 성공했다면 "우봉고"를 외치고 성공한 순서에 따라 보석을 획득할 수 있습니다. 9라운드 후 보석 점수가 가장 높은 사람이 승리!

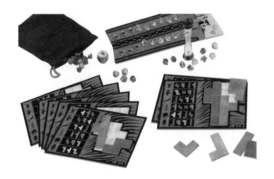

게임방법을
영상으로 살펴보세요.

우봉고를 더 재미있게 즐기는 방법

 어린 친구들과 게임을 할 때는 우봉고 모양 조각을 밀고 돌리고 뒤집은 후의 모양을 먼저 알아보면 게임에 대한 이해가 쉬워요.

문제 카드가 양면으로 이뤄져 있어 난이도를 조절할 수 있어요. 아이와 어른이 함께할 때는 아이는 쉬운 판, 어른은 어려운 판을 선택해 보세요.

우봉고 조각을 이용해 모양을 만들고 테두리를 따라 그리면 나만의 문제 카드를 만들 수 있어요. 내가 만든 문제 카드로 우봉고 게임을 즐겨 보세요.

우봉고가 마음에 드셨다면?

프로젝트 L

퍼즐을 가져오고 블록을 업그레이드하며 퍼즐을 완성합니다. 효율적으로 블록을 완성하고 완성한 퍼즐로 블록과 점수를 획득하는 게임입니다.

카타미노 패밀리

난이도에 맞게 카드를 고르고 블록을 가져온 뒤 블록을 이용해 게임판을 채우는 게임입니다. 퍼즐과 균형 맞추기로 혼자 놀기도 가능합니다.

테이블 테트리스

테트리스를 만든 사람이 직접 만든 게임으로, 가지고 있는 블록 중 하나를 게임판에 올리고 가장 마지막에 블록을 놓은 사람이 승리합니다.

블로커스

상대 블록 막고, 내 블록 쌓기!

- **인원:** 2~4인
- **시간:** 20~30분
- **키워드:** #전략적사고 #도형감각
  #색색의블록 #치열한수싸움

블록들의 땅따먹기! 블로커스는 심플한 규칙에 수백 개의 전략이 나오는 두뇌 전략 게임입니다. 재미도 있고 도형 감각을 기를 수 있어 아이들을 위한 학습 보드게임으로 자신 있게 추천합니다. 친구간, 가족간에도 즐겁게 플레이할 수 있는 블로커스의 매력 속으로 들어가 보실까요?

게임설명 자신의 색 블록을 게임판에 최대한 많이 놓기

자신의 차례가 되면 자신의 색 블록을 하나 골라 게임판에 놓습니다. 같은 색 블록끼리 꼭짓점이 맞닿게 놓아야 합니다. 게임판에 자신의 블록을 최대한 많이 올리면 승리!

게임방법을
영상으로 살펴보세요.

🎲 블로커스를 더 재미있게 즐기는 방법

처음에는 큰 블록부터 사용하는 것도 좋은 전략입니다. 한 칸/두 칸짜리 블록을 적절한 타이밍에 쓰면 더 좋은 돌파구를 찾을 수도 있습니다. 블록을 이리저리 돌려 가며 전략을 짜는 아이의 모습을 흐뭇하게 관찰해 보길 바랍니다.

게임을 할 때 각자 자신의 블록판 종이 위에 자신의 블록을 올려놓고 시작하면 남은 블록의 개수 확인이 쉽고 전략을 짤 때도 좋습니다.

옆 QR에서 다운로드해 인쇄하실 수 있습니다.

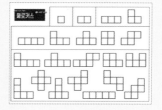

게임 규칙을 변형해 아래부터 블록을 쌓는 테트리스 방식도 가능합니다. 또, 색 블록들로 자신이 원하는 모양이나 색다른 미로를 만드는 등의 창의 놀이도 아이들이 정말 재미있어합니다.

🎲 블로커스가 마음에 드셨다면?

젬블로

육각형 게임판에 자신의 색 타일을 가장 많이 올려놓으면 이기는 게임입니다. 블로커스보다는 난이도가 있습니다.

테트리스 듀얼

상대와 번갈아 놓는 방식으로 자신의 테트리미노를 자신의 색과 맞닿게 놓거나 가로줄을 완성시키면 점수를 얻는 게임입니다.

마라케시

상대의 양탄자를 최대한 밟지 않고 자신의 양탄자를 많이 깔아 가는 게임입니다. 실제 천 재질의 알록달록한 양탄자를 보고 만지는 재미가 있습니다.

젝스님트

여섯 번째는 안 돼!

- 🎲 **인원:** 2~10인
- 🕐 **시간:** 15~20분
- 🎯 **키워드:** #수비교하기 #오름차순
  #멘사추천게임 #눈치게임

뾰족한 머리의 소가 우리를 노리고 있습니다! 특이하게도 이 소는 여섯 번째로 카드를 놓은 사람에게 찾아간다고 하네요. 어떻게 하면 소를 받지 않고 게임을 끝낼 수 있을까요? 운과 수 감각이 필요한 게임 젝스님트를 소개합니다!

게임설명 숫자를 오름차순으로 배치하는 게임

젝스님트는 숫자 카드를 오름차순으로 배치하는 게임입니다. "하나, 둘, 셋" 하면 카드를 모두 동시에 공개해 가장 작은 숫자를 낸 사람부터 카드를 내려놓기 시작합니다. 내려놓을 때는 자신의 카드보다 크지 않으면서 가장 가까운 숫자 오른쪽에 둡니다. 만약 한 줄의 여섯 번째에 카드를 내려놓게 되면 앞에 놓인 모든 카드를 다 가져가며 카드에 그려진 벌점을 받아야 합니다. 10라운드를 진행하면서 가장 적은 벌점을 받은 사람이 승리!

게임방법을
영상으로 살펴보세요.

🎲 젝스님트를 더 재미있게 즐기는 방법

게임을 하다 보면 자연스럽게 수를 비교하고 수의 범위에 대해 익힐 수 있습니다. 수에 대한 감각을 길러 주기 좋은 게임입니다. 1부터 104까지의 숫자가 있어서 수 카드로 쓰기에도 좋습니다.

소머리가 그려져 있는 카드의 수는 어떤 규칙이 있는지 먼저 찾아보면서 수 감각과 분석력을 기를 수 있습니다. 결과를 예상하고 보다 나은 상황을 위해 고민하는 과정에서 문제해결력을 키울 수 있습니다.

빈 카드에 ㄱ부터 ㅎ까지의 초성으로 시작하는 단어를 적어 한글 카드를 만들어 보세요. 국어 사전 배열 순서에 맞게 내려놓는 규칙으로 게임을 하면서 자연스럽게 국어사전 찾는 방법도 익힐 수 있어요.

🎲 젝스님트가 마음에 드셨다면?

더 게임

오름차순, 내림차순 게임이 마음에 드셨다면 오름차순과 내림차순을 이용해 모든 카드를 내려놓아야 하는 협력게임 더 게임 시리즈를 추천합니다.

세트

색, 모양, 개수, 음영의 네 가지 속성에서 규칙성을 찾는 멘사 추천 게임입니다. 간단한 규칙으로 두뇌 싸움을 즐겨 보세요. 1인 플레이도 가능합니다.

티키토플

일렬로 세워진 조각상들을 액션 카드를 이용해 이리저리 움직이면서 자신의 비밀 목표 카드에 적힌 목표를 달성하는 게임입니다.

잉글리시 트레인
초등 3~4학년
칙칙폭폭 영단어 기차

- **인원:** 3~4인
- **시간:** 20~30분
- **키워드:** #어휘력 #단어열차 #오름차순 #내림차순

현직 선생님들이 수업에서 사용하기 위해 직접 개발한 영어 보드게임! 기차 타고 신나게 달려 볼까요? 차고지에서 기차들이 기다리고 있어요. 기차들을 출발하는 열쇠는 단어들! 단어들을 잘 배열하고 생각하며 기차를 출발시켜 볼까요?

게임설명 영어 단어 카드를 연결해 기차 출발시키기

기차 카드 다섯 장이 한 줄로 놓이면 기차가 출발합니다. 기차 카드 다섯 장을 한 줄로 놓아 기차를 완성시킵니다. 자기 차례일 때, 기존에 놓인 영어 단어보다 더 긴 단어의 기차 카드를 놓을 수 있습니다. 반대로 단어 길이가 점점 줄어들게 할 수도 있습니다. 기차 세 대를 먼저 출발시킨 사람이 승리!

게임방법을
영상으로 살펴보세요.

🎲 잉글리시 트레인을 더 재미있게 즐기는 방법

처음에는 특수 카드를 제외하고 게임 방법을 익히는 것을 추천해요. 3~4학년의 특성상 규칙이 복잡하면 어려워한답니다.

게임을 하며 아이에게 다양한 질문을 해보세요. "두 글자 단어는 없을까?" "가장 긴 단어는 뭘까?" 단순히 게임에서 그치는 것이 아니라 아이가 영단어에 대해 관심을 가질 수 있습니다.

게임에 익숙해졌다면 기차를 출발한 후, 출발한 기차의 단어를 보지 않고 순서대로 말해 보는 시간을 가져 보세요. 이 규칙을 추가하면 더 높은 학습 효과를 얻을 수 있습니다.

🎲 잉글리시 트레인이 마음에 드셨다면?

잉글리시 트레인 초등5~6학년

규칙은 동일하지만 5-6학년 수준의 단어로 이뤄진 잉글리시 트레인입니다. 아이 수준에 맞게 골라서 선택해 보세요.

테마틱

초성 다섯 개와 각 초성마다 1~4번 숫자가 있습니다. 주어진 초성에 맞는 단어를 남들보다 빨리 말하세요. 가장 높은 점수를 얻을 수 있습니다.

스펠잇

알파벳 주사위를 던지세요. 나온 알파벳을 모아 시작하는 단어나 떠오르는 단어를 말해 보세요.

더블 매칭

다른 사람들은 무슨 생각을 할까?

- 🧑 **인원:** 4인 이상
- 🕐 **시간:** 15분
- 💬 **키워드:** #공감력 #여러명이함께 #텔레파시 #어휘력

더블 매칭은 질문을 듣고 생각나는 단어를 적는 파티 게임입니다. 빠른 시간 안에 상대방이 떠올릴 단어를 생각해 보는 과정에서 공감력과 어휘력을 향상시킬 수 있습니다. 나와 같은 생각을 하는 사람은 누구일지 찾아볼까요?

게임설명 **질문을 듣고 공감할 수 있는 단어를 적는 게임**

질문을 듣고 생각나는 단어를 시간 내에 두 개 적습니다. 시간이 다 됐다면 돌아가며 적은 단어를 읽습니다. 누군가와 같은 단어를 적었다면 "매칭!"이라고 외칩니다. 그리고 같은 단어를 적은 모두가 해당 단어에 빗금을 긋습니다. 모든 단어가 공개되고 빗금이 한 개라면 1점, 두 개라면 3점을 얻습니다. 정해진 라운드가 끝날 때 가장 높은 점수를 기록한 사람이 승리!

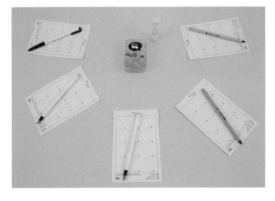

게임방법을
영상으로 살펴보세요.

🎲 더블 매칭을 더 재미있게 즐기는 방법

규칙서에는 주제와 다른 답도 매칭이 되면 점수로 인정합니다. 만약 학습적인 면을 고려한다면 아이에게 오개념을 심어 줄 수 있으므로 이 규칙은 빼고 진행해도 좋습니다.

게임 구성물로 들어 있는 모래시계의 제한 시간은 15초입니다. 아이가 빠르게 단어를 떠올리기 어렵다면 모래시계를 빼고 충분히 시간을 줘도 좋습니다.

아이와 책을 읽고 난 후 책에서 가장 기억에 남는 단어를 쓰거나 영어 단어를 학습한 후 주제별 영어 단어 쓰기 등에 활용할 수 있습니다. 예를 들어 주제는 색(color)으로, 단어는 빨강(red), 파랑(blue), 핑크(pink)와 같이 매칭을 합니다.

🎲 더블 매칭이 마음에 드셨다면?

도전 골든벨

문제를 풀어 가며 골든벨에 도전하는 게임입니다. 전체 퀴즈, 개인 퀴즈, 스피드 퀴즈로 구성돼 있어 형식이 다채롭고 난센스 퀴즈도 곳곳에 있어 유익하면서도 재미있습니다.

나를 맞혀줘!

내가 뽑은 질문에 상대가 어떤 답을 선택했는지 추측하는 게임입니다. 평소 주변 사람들에게 관심이 많은 사람은 누구일까요?

피에스타

각자 인물 카드를 뽑고 연상되는 단어를 적습니다. 옆사람을 거치면서 변해 버린 단어를 보고 인물을 추리하는 협력 게임입니다.

타임즈 업! 패밀리

입으로 몸으로 신나게!

- **인원:** 4~12인
- **시간:** 30분
- **키워드:** #표현력 #기억력 #명절게임 #스피드퀴즈

타임즈 업! 패밀리는 팀을 나눠 즐기는 스피드 퀴즈 게임입니다. 명절에 온 가족이 모여 함께 즐길 게임을 찾고 있다면 제격입니다. 하하호호 웃고 즐기는 가운데 가장 많은 단어를 맞힐 팀은 과연 어디일까요?

게임설명 ## 세 가지 방식으로 진행하는 스피드 퀴즈 게임

서른 장의 문제 카드를 가지고 시작합니다. 시작 팀은 모래시계가 다 떨어질 때까지 퀴즈를 진행하고 맞힌 카드를 제외한 나머지 카드를 가지고 다음 팀이 진행해 모든 카드의 정답을 맞힐 때까지 반복합니다. 1라운드는 자유롭게 말하기, 2라운드는 한 단어로 말하기, 3라운드는 몸짓으로 말하기로 진행합니다. 3라운드 동안 정답을 가장 많이 맞힌 팀이 승리!

게임방법을
영상으로 살펴보세요.

🎲 타임즈 업! 패밀리를 더 재미있게 즐기는 방법

아이가 정답을 많이 못 맞혀서 시무룩해졌나요? 타임즈업! 패밀리는 같은 단어 카드로 3라운드를 진행하기 때문에 다른 팀의 힌트와 정답을 잘 기억해 두는 것이 매우 중요합니다. 다른 팀의 플레이에 집중해 보세요. 승리가 가까워질 거예요!

돌아가며 문제를 내고 나머지 사람들이 맞히는 개인전으로도 진행을 할 수 있습니다. 문제를 맞히면 문제를 낸 사람과 맞힌 사람 모두 점수를 얻게 규칙을 바꿔 보세요. 적은 인원으로도 재미있게 즐길 수 있답니다.

공부한 뒤 중요한 단어를 카드로 만들어 게임을 진행하면 좋습니다. 단어를 설명하고 표현하는 과정을 통해 복습 효과를 누릴 수 있습니다. 영어 단어 복습에도 효과 만점입니다.

🎲 타임즈 업! 패밀리가 마음에 드셨다면?

금지어 게임

말도 안 되는 단어를 설명하는 스피드퀴즈 게임입니다. 이때 "음…, 어…, 그…"처럼 뇌가 멈춘 듯한 소리를 내면 안 됩니다. 과연 뇌가 멈추지 않고 설명할 수 있을까요?

헐 소리 나오는 게임

동일한 한마디를 각자 주어진 상황에 맞게 목소리와 표정만으로 연기하면 다른 사람이 정답을 맞히는 게임입니다.

바보타임

펼쳐진 카드에 적힌 행동들을 모두 수행하는 게임입니다. 만약 수행하지 못하고 걸리면 토큰을 잃습니다. 모두가 바보가 돼도 즐거운 파티 게임입니다.

미니빌 디럭스

주사위를 만드는 마을

- 🎲 **인원:** 2~4인
- 🕐 **시간:** 30분
- 🔹 **키워드:** #주사위확률 #전략적사고 #생산과투자 #경제게임

나만의 마을을 만들어요! 미니빌은 주사위를 굴려 돈을 벌고 마을에 필요한 시설을 건설하는 게임입니다. 밀밭과 빵집에서 시작해 카페, 전시장, 가구 공장을 지나 기차역, 쇼핑몰, 놀이공원 까지 나만의 멋진 마을을 만들 준비가 되셨나요?

게임설명 ## 주사위를 굴리고 돈을 벌어 마을을 만드는 게임

자신의 차례일 때 주사위를 굴리고 눈금과 일치하는 자신의 건물 카드가 있다면 돈을 획득합니다. 획득한 돈으로 원하는 시설을 건설할 수 있습니다. 나만의 전략을 세워 마을을 키우다가 네 종류의 주요 시설을 먼저 건설하면 승리!

게임방법을
영상으로 살펴보세요.

🎲 미니빌 디럭스를 더 재미있게 즐기는 방법

미니빌은 승리 전략이 다양한 게임입니다. 이번에 내가 선택한 전략을 아이와 함께 이야기해 보세요. 내가 왜 이런 전략을 세웠는지 설명하며 메타인지를 키울 수 있습니다.

내가 건설한 시설 카드 간의 연관성을 파악하면 더 큰 이익을 얻을 수 있습니다. 아이들이 게임을 어려워한다면 먼저 카드를 몇 장 배치하고 동전을 얼마나 얻을 수 있는지 계산해 보는 활동을 하면 좋습니다.

게임에 익숙해졌다면 규칙을 바꿔 보세요. 살 수 있는 카드 수를 제한하거나 특정 카드를 금지시킬 수도 있습니다. 획득하는 동전 개수를 바꾸는 것도 방법입니다.

🎲 미니빌 디럭스가 마음에 드셨다면?

미니빌2

미니빌이 즐거우셨다면 5인까지 즐길 수 있는 미니빌2에 도전해 보세요. 초반에 사용하는 주사위의 수를 선택할 수 있고 주요 시설의 종류도 늘어났습니다.

카탄

주사위를 굴려 자원을 획득하고 획득한 자원으로 건설을 하는 게임입니다. 자원을 교환하는 행동과 상대방을 견제하는 것이 중요한 게임입니다.

코덱스

필요한 카드를 가져오고 카드를 알맞게 배치해 점수를 얻는 게임입니다. 개인 목표와 공동 목표 점수를 잘 확인해 높은 점수에 도전해 보세요!

아직도 보드게임을 그냥 보관하고 있나요?

즐겁게 보드게임을 플레이한 후에 돌아서면 찢어져 있는 박스, 튀어나와 있는 내용물, 섞여 버린 게임 등에 한숨이 나오는 경험을 해보셨나요? 보드게임을 제대로 정리하지 않으면 다음번 플레이에 지장이 생기는 경우가 많습니다. 또한 보드게임에 재미를 붙여 더 많은 보드 게임을 사다 보면 이걸 다 어떻게 보관해야 할지 고민에 빠질 때도 있습니다. 즐겁게 플레이하고 마무리까지 잘 정리하는 꿀팁을 소개해 드리겠습니다.

1. 구성물이 튀어나오는 게임에는 밴드를 입혀보세요.

박스 밴드는 정리할 때 유용한 보드게임 액세서리입니다. 상자에서 물건이 튀어나오거나 내용물이 너무 많아서 뚜껑이 다 닫히지 않을 때 고정하는 역할을 해준답니다. 박스밴드가 없다면 고무줄을 이용해 상자를 고정해 보세요. 박스 밴드는 소형(약 15.5센티미터), 대형(21.5센티미터)으로 나뉘어 있어 게임에 따라서 필요한 사이즈를 선택해 사용하면 된답니다.

2. 보드게임을 보관하기 좋은 책장을 이용해 보세요.

보드게임 박스의 크기는 한 모서리 길이가 30센티미터 내외인 것이 많아요. 예를 들면 카탄의 경우 31×31제곱센티미터 사이즈예요. 또 보드게임이 기울어지면 안의 내용물이 쏟아지는 경우가 생기므로 박스를 세워 보관할 경우에는 칸칸이 분리돼 있는 책장이 보관하기 좋

▲ 이케아 '칼락스' 선반
4×4기준, 147×39×146.5cm, 가격 약 20만 원
(2024년 6월 기준)

▲ 이케아 '에케나벤' 선반
70×34×154cm, 가격 약 9만 원
(2024년 4월 기준)

습니다. 쉽게 말해 적당히 나뉘어 있고 각 칸의 크기는 32센티미터가 넘는 책장이 보관하기
에 좋습니다. 대표적으로는 이케아의 칼락스, 한샘의 샘베딩 책장이 있습니다.

3. 작은 보드게임은 서랍이나 책장 칸 분리 도구를 이용해 보세요.

작은 보드게임을 무작정 쌓아 두면 한 번에 많은 게임을
쌓을 수 있어 아래에 있는 게임을 꺼내기가 어렵습니다.
작은 게임은 서랍에 보관하면 한눈에 보기도 쉽고 꺼내
기도 쉽습니다. 만약 서랍이 없는 책장을 사용한다면 칸
분리 도구를 활용해 게임을 보관해 보세요. 훨씬 꺼내기
쉽고 정리하기 쉬워집니다.

4. 카드게임에는 카드 슬리브를 끼워 보세요.

보드게임을 보관하기 위해서 필요한 여러 액
세서리가 있습니다. 가장 먼저, 카드의 오염
을 방지하기 위한 카드 프로텍터, 다른 말로
는 카드 슬리브가 있습니다. 카드 프로텍터

는 손에 오래 쥐고 있어야 하는 게임 등에 씌우기 좋습니다. 할리갈리처럼 카드를 손에 쥐지 않는 게임에는 필요 없지만 티켓 투 라이드 같은 게임의 카드는 슬리브에 끼우는 게 좋습니다. 카드 슬리브(왼쪽), 슬리브를 끼운 카드(가운데), 슬리브를 끼우지 않은 카드(오른쪽)를 비교해 보세요.

5. 박스 대신 과감하게 투명 용기나 카드케이스에 보관해 보세요.

종이 재질의 보드게임 박스는 1~2년 지나다 보면 보기 싫게 구겨지거나 찌그러질 수 있습니다. 또 보드게임 속 카드에 카드슬리브를 끼운 경우 기존 게임 박스에 들어가지 않는 경우도 있습니다. 이럴 때 적절한 크기의 투명 플라스틱 용기나 카드케이스(덱박스)에 보드게임 구성품을 보관할 수 있습니다.

품명	재질	두께	케이스 사이즈(가로×세로×폭)	카드 사이즈
4570	PET	0.3T	50×75×35mm	44×68mm
5890	PET	0.3T	65×95×30mm	57×89mm
6590 기본형	PET	0.3T	70×95×35mm	63×88mm
6590 확장형	PET	0.3T	70×95×50mm	63×88mm

이렇게 보드게임 구성품을 보관하면 먼지나 습기로부터 보호돼 오랫동안 사용할 수 있고 분실이나 손상을 방지할 수 있습니다. 케이스가 투명하면 어떤 게임인지 한눈에 확인할 수도 있습니다. 크기가 다양한 게임들을 같은 크기의 투명 케이스로 보관하면 보기에도 깔끔해 추천드립니다. 카드케이스는 팝콘에듀 등 보드게임 전문 사이트에서 카드케이스를 검색하면 케이스 10매에 약 2,000원선에서 구매할 수 있습니다. 두께, 크기가 다양하게 구비돼 있어 가정에서 필요한 크기로 구매해 보세요.

4장

5~6학년, 중학교 과정을 대비한
학습 두뇌 계발 보드게임

🎲 5~6학년 우리 아이를 위한 보드게임

보드게임의 위대함을 느끼다

초등학교 수학에는 큰 고비가 두 번 있다고 합니다. 첫 번째는 3학년에서 나눗셈과 분수를 배울 때, 두 번째는 5학년에서 분수의 사칙연산을 배울 때입니다. 고학년을 가르치다 보면 수학을 포기한 아이들을 꽤 만나기도 하고 아이들의 수준 편차도 큰 편입니다. 수학 수업을 준비하며 "어떻게 하면 다양한 수준의 아이들이 의미 있는 수업을 할 수 있을까"를 늘 고민하게 됩니다.

5학년 담임을 맡았을 때였습니다. 1학기 자연수의 혼합계산 단원에서 주사위 세 개의 숫자로 사칙연산을 이용해 목표 숫자를 만드는 보드게임 파라오코드를 사용하면 좋겠다는 생각이 들었습니다. 게임을 이용한 수학이니까 아이들도 좋아할 거라는 단순한 생각으로 수업을 시도했고, 결과는 한마디로 망했습니다. 수학 실력이 곧 게임 실력이었습니다. 평소 수학을 잘하는 아이들에겐 매우 즐거운 시간이었지만 그렇지 못한 아이들에겐 게임마저 포기하게 만드는 시간이었습니다. 하지만 교사라면 포기할 수 없는 법이죠. 게임을 마친 후 아이들과 회의를 해봤습니다(아래 나오는 아이들 이름은 모두 가명입니다).

"우리 오늘 파라오코드라는 게임을 해봤는데, 즐겁지 않았던 친구가 있다면 어떤 이유였을까?"

"그냥 수학 잘하는 애가 무조건 이겨요."

"맞아요. 시작부터 누가 이길지 정해져 있어요."

"그렇구나. 다른 친구들도 동의하니?"

거의 모든 아이가 동의했습니다.

"우리가 다음에 게임을 다시 한다면 규칙을 어떻게 바꿔야 다 같이 즐겁게 할 수 있을까?"

"잘하는 애들끼리, 못하는 애들끼리 해요."

"아냐, 철수가 있는 조는 무조건 철수가 이겨."

"많은 친구가 목표 숫자를 만들 수 있게 계산할 시간을 주면 좋을 것 같아요."

"좋은 생각인 것 같은데, 누가 먼저 목표 숫자를 이야기할 수 있는 걸까요?"

"순서대로 돌아가면서 하면 좋을 것 같아요."

회의를 거친 후 우리 반만의 규칙을 만들었습니다.

1. 숫자를 보고 2분 동안 목표 숫자 최대한 많이 만들기

2. 가장 낮은 점수의 목표 숫자부터 발표할 사람 손 들기

3. 한 사람은 한 라운드에 한 번만 발표하기

4. 발표를 한 번도 안 한 사람이 있다면 우선으로 기회 주기

5. 같은 목표 숫자를 다른 식으로 만든다면 1점 주기

6. 규칙을 통해 모은 점수를 우리 반 점수로 하기(목표 점수 설정)

새로운 규칙을 만들자 경쟁 게임이 협동 게임으로 재탄생했습니다. 실제로 게임을 해보니 놀라운 장면들을 볼 수 있었습니다. 다수의 아이가 높은 점수 숫자를 발표하고 싶어 했고, 낮은 점수 숫자에서는 눈치를 보며 손을 들지 않았습니다. 이때 평소 우리 반에서 발표를 잘 하지 않는 아이가 손을 들었습니다. 모두가 놀랐습니다. 발표를 마친 후 해맑게 미소를 짓는 아이를 보았습

니다. 그날 영희는 무려 세 번이나 발표를 했고, 영희도 수업 시간에 밝은 표정을 지을 수 있다는 것을 보며 정말 흐뭇했습니다.

다른 예도 있습니다. 길동이는 평소 수학을 잘하는 아이입니다. 공부를 잘하는 아이들은 보통 높은 점수 숫자에 발표하고 싶어 했는데, 길동이는 이날 내내 1점밖에 주지 않던 '같은 목표 숫자를 다른 식으로 만들기'에만 도전했습니다. 그것도 조용히 기다리다 아이들이 도전하지 않을 때만 조용히 손을 들었습니다. 새롭게 만든 규칙에 따르면 우리 반이 목표 점수를 달성하는 데 가장 중요한 요소가 바로 추가 점수 1점을 받을 수 있는 '같은 목표 숫자를 다른 식으로 만들기'였습니다. 자신이 빛나지 않더라도 목표 달성을 위해 묵묵하게 자기 역할을 해내는 길동이의 진면목을 볼 수 있었습니다.

이렇게 고학년 아이들과는 게임 후 회의를 통해 규칙을 수정하며 모두가 함께 즐거울 수 있는 게임 만들기를 하고 있습니다. 가정에서도 아이와 부모 모두가 함께 즐거울 수 있는 게임 만들기에 도전해 보길 바랍니다.

🎲 이 책을 읽는 법

이번 장에서는 어엿한 선배님이 된 5~6학년 아이의 수준에 맞는 스테디셀러 보드게임들을 재미와 공부 두 기준으로 나눠 소개합니다.

이전 학년의 재미보장 보드게임이 아이의 흥미를 유발하는 다소 가벼운 종류의 게임들인 반면, 5~6학년에게 추천하는 보드게임은 게임의 참맛을 알아가는 단계에서 전략적 사고와 시간이 좀 더 필요한 보드게임 위주로 선정했습니다.

또 공부머리 보드게임은 혼합계산, 약수와 배수, 경우의 수, 경제, 영어 단어, 명화 감상, 역사 등 5~6학년의 다양한 교과 내용을 고려해 선정했습니다. 예를 들어 파라오코드는 5학년 1학기에 나오는 자연수의 혼합계산을 연습하는 데 굉장히 좋은 게임입니다. 스크래블은 지금까지 열심히 공부한 영어 단어를 만들어 보며 공부한 내용을 복습하는 데 효과적입니다. 모던아트는 아름다운 명화들을 감상하며 미적 감수성을 키우고 다양한 경매의 방법을 익힐 수 있는 매력적인 게임입니다. 타임라인 한국사는 5학년 사회 교과와 관련해 역사의 흐름을 익히는 데 도움이 됩니다.

5~6학년 아이와 보드게임을 할 때는 이런 점을 주의하세요.

첫째, 처음부터 학습적 요소를 강조하지 않습니다. 게임은 일단 재미를 느껴야 합니다. 재미를 느껴야 반복하고 게임을 반복하는 과정에서 학습적 요소를 자연스럽게 익힐 수 있습니다. 처음부터 학습적 요소를 강조한다면 아이는 게임을 하고 싶지 않을 겁니다.

둘째, 동생이 있는 경우 양보를 강요하지 마세요. 5~6학년도 아직 이기고 싶은 마음이 큰 아이입니다. 양보하는 모습이 이상적이긴 해도 동생 위주의 게임은 자칫 동생과 노는 것을 싫어하게 만들기도 합니다. 대화를 통해 실력의 차이가 있음을 이해하고 게임의 규칙을 변경하는 방법을 시도해 보세요.

셋째, 취향에 맞는 게임을 선택합니다. 학년이 올라가면서 아이의 취향도 어느 정도 확고해집니다. 부모의 욕심으로 게임을 선택하지 말고 아이의 취향을 고려해 제안하거나 직접 선택할 수 있도록 도와주세요. 보드게임을 체험할 수 있는 행사에 참여해 보는 것도 추천합니다.

넷째, 포기하지 않도록 도와주세요. 게임이 잘 안되면 금방 포기해 버리는 아이들이 있습니다. 어렸을 때는 떼를 쓰는 정도로 그치지만 3학년 때 분수를 배우다 어렵다고 느끼고는 수학을 포기해 버리는 학생이 나오듯 아이들은 자라면서 포기하는 방법도 터득합니다. 이런 경우에는 협동 게임을 하면서 계속 도전할 수 있도록 이끌어 주는 것이 좋습니다. 또 점수 차이가 심하게 벌어지는 게임이라면 규칙을 함께 바꾸며 점수 차이가 적게 나는 게임으로 만들어 보세요. 성공의 경험, 역전의 경험이 쌓일수록 쉽게 포기하지 않고 도전할 수 있는 아이로 성장합니다.

다섯째, 친구들과 함께 놀 수 있는 자리를 만들어 주세요. 부모와 함께하는 게임도 좋지만 아직은 친구들과 노는 것이 즐거운 나이입니다. 특히 밖에서 친구들과 무엇을 하며 노는지 걱정이 된다면 집에서 친구들과 보드게임을 즐길 수 있는 자리를 마련해 주세요. 아이는 친구들과 놀 수 있어서 즐겁고 부모는 사춘기를 겪으며 말수가 줄어들어 걱정되던 아이가 친구들과 어떤 관계를 맺고 어떻게 노는지 관찰할 수 있답니다.

5~6학년 아이와 보드게임을 함께하면 이런 점이 좋아요.

첫째, 아이의 사고력을 한 단계 성장시켜 줍니다. 5~6학년 추천 게임에는 전략적 사고가 필요한 게임이 많습니다. 자신만의 전략을 세워야 하며 상대방이 어떤 의도로 행동하는지도 생각해야 합니다. 예를 들어 카탄을 하면 게임을 시작할 때 어떤 곳에 마을을 배치하는 것이 유리한지, 도둑이 나왔을 때 어떤 사람을 견제하는 것이 유리한지, 누구와 어떤 자원을 거래하는 것이 이

득인지, 어떤 방식으로 승점을 모으는 것이 유리한지 끊임없이 사고해야 합니다. 이 과정에서 아이의 사고력을 성장시킬 수 있습니다.

둘째, 아이의 인지적 발달에 도움을 줍니다. 아이들에게 역사 수업을 하다 보면 어려워하거나 지루해하는 아이들이 꽤 많습니다. 외울 것이 많다고 생각하기 때문이죠. 타임라인 한국사 같은 게임을 하면 역사의 흐름을 자연스럽게 익히게 되고 수업 중에도 아는 내용들이 나와 흥미를 느낄 수 있습니다. 이처럼 나이에 어울리는 보드게임을 하면 인지적 발달에 도움이 됩니다.

셋째, 아이의 사회성을 발달시킵니다. 예를 들어 5분 마블은 짧은 시간 안에 목표를 달성하기 위해 서로 의사소통하고 협력해야 하는 게임입니다. 목표를 달성했다면 개인의 성취와는 다른 느낌의 집단적 성취를 느낄 수 있습니다. 실패했다면 다시 성공하기 위한 전략을 짜며 더욱 의사소통을 강화합니다. 이러한 과정을 통해 아이의 사회성을 발달시킵니다.

넷째, 아이와 대화하는 시간을 가질 수 있습니다. 5~6학년 아이를 둔 부모와 상담할 때 "사춘기가 온 것 같아요. 방에 들어가면 나오질 않아요." "학교에서 무슨 일이 있었는지 이야기를 안 해요." 같은 고민이 부지기수로 나옵니다. 부모와 아이의 관계, 대화의 방식을 하루아침에 바꿀 수는 없습니다. 만약 함께 즐길 수 있는 취미가 있다면 관계 회복에 긍정적 영향을 줄 수 있습니다. 절대로 무리한 대화를 시도하지 말고 우선 게임 자체를 함께 즐겨 보세요. 다양한 게임을 하다 보면 자연스레 대화할 기회가 많아질 것입니다. 재미 보장 게임으로 시작하고 대화를 좋아하는 우리 아이의 상황에 맞는 게임으로 나아가는 것을 추천합니다.

5~6학년 재미보장 **보드게임 TOP 7**

스플렌더

부를 얻고 싶은가? 자, 여기로 오라!

- 👥 **인원:** 2~4인
- 🕐 **시간:** 30~40분
- 📍 **키워드:** #합리적의사결정 #경제교육
  #전략적사고 #선택과집중

르네상스 시대의 부유한 상인이 되어 보석을 사고팔며 명성을 얻으세요! 스플렌더는 꾸준히 사랑받는 베스트셀러 보드게임으로 가장 대표적인 전략 게임입니다. 무엇을 사고 무엇을 구입해 가치를 높여 나갈지 고민하는 것이 게임의 묘미입니다. 우리 중에서 귀족이 찾아올 정도의 최고 상인은 누가 될까요?

게임설명 보석과 카드를 모아 점수 모으기

이 게임은 자신의 차례에 보석을 모으거나 카드를 구입하며 점수(명성)를 얻어야 하는 게임입니다. 다섯 가지 종류의 보석을 가져오거나 원하는 카드를 선점해 황금 토큰을 가져올 수도 있습니다. 누군가가 점수를 15점 이상 모으면 그 라운드까지만 진행하고 가장 많은 점수를 얻은 사람이 승리!

게임방법을
영상으로 살펴보세요.

🎲 스플렌더를 더 재미있게 즐기는 방법

처음 게임을 하는 아이들은 귀족 타일을 빼고 진행하는 것을 추천합니다. 단계적으로 자신만의 전략을 찾고 익숙해진 뒤에 귀족 타일을 추가해 보세요.

스플렌더는 본판에 적용할 수 있는 확장판, 특정 주제를 입힌 마블 스플렌더와 포켓몬 스플렌더, 2인 전용 스플렌더 대결까지 다양한 버전의 게임이 나와 있습니다. 본판과는 다른 규칙이 조금씩 적용돼 있어 색다른 재미를 느낄 수 있습니다. ▶ 본문 136~137쪽 참조

스플렌더는 초등부 일반부 보드게임 대회가 열리곤 합니다. 대회에 참여하면 아이들이 도전의식을 가지고 다양한 전략을 스스로 연구하며 발전하는 모습을 볼 수 있습니다.

🎲 스플렌더가 마음에 드셨다면?

센추리

향신료가 핵심 주제입니다. 카드를 활용해 향신료를 얻고 향신료를 활용해 승점을 많이 얻는 사람이 승리하는 게임입니다. 카드의 선택과 사용이 무척 중요합니다.

석기시대

흙, 나무, 돌, 금을 모아 필요한 건물을 짓고 부족원들에게 식량을 공급하며 문명을 발전시키는 콘셉트로 주사위를 굴려 가며 일꾼을 전략적으로 배치시키는 게임입니다.

원더풀 월드

각 제국의 지도자가 되어 나라를 발전시키는 게임입니다. 카드를 선택, 건설, 재활용할지 현명하게 판단해야 합니다.

달무티

내가 왕이 될 상인가?

- 🧑 **인원:** 4~8인
- 🕐 **시간:** 10~20분
- ⬇ **키워드:** #눈치싸움 #전략적사고 #신분제경험 #혁명

달무티는 중세시대를 배경으로 가장 높은 계급인 달무티와 그 밑으로 신관, 기사 등 귀족들이 권력을 잡고 노예와 평민은 신분 상승을 위해 끊임없이 노력하는 게임입니다. 역사, 신분제, 민주주의를 배울 때 아이가 몸소 신분제를 체험해 보며 더 몰입할 수 있어요. 과연 우리 중에 다음 왕이 될 사람은 누구일까요?

게임설명 누구보다 빠르게 가진 카드 모두 없애기

선을 잡은 사람은 같은 숫자의 카드를 원하는 장수만큼 냅니다. 그다음 사람은 더 낮은 숫자 카드를 같은 장수만큼 내야 합니다. 낼 수 있는 카드가 없거나 내고 싶지 않다면 패스합니다. 모든 사람이 패스를 외치면 카드를 마지막으로 낸 사람이 선이 되어 다음 라운드가 시작됩니다. 자신이 들고 있는 모든 카드를 빨리 없앤 사람이 승리해 다음 달무티가 됩니다!

게임방법을
영상으로 살펴보세요.

🎲 달무티를 더 재미있게 즐기는 방법

달무티의 묘미는 계급의 차이를 느껴 보는 데 있습니다. 계급에 맞게 왕관을 쓰거나 존댓말을 하는 등 상황극을 해보세요. 게임에 더 몰입감을 준답니다.

꼭 자기 차례에 낼 수 있다고 카드를 무조건 내지 않아도 됩니다. 낮은 숫자의 카드는 선을 잡을 수 있고 높은 숫자의 카드는 많은 장수로 이길 수 있지요. 그동안 나왔던 낮은 숫자 카드를 기억하며 게임을 해보세요.

역사 공부를 좋아하는 아이라면 우리나라 역사 속 계급을 적용해 만들어 보는 것은 어떨까요? 조선시대, 고려시대 등 아이가 관심 있는 시대를 조사한 뒤 게임을 만들어 보면 게임도 하고 공부도 하고 일석이조!

🎲 달무티가 마음에 드셨다면?

크라스 카리어트

손에 든 카드를 최대한 빨리 없애면 이기는 게임입니다. 카드는 한 번에 1~3장까지 조합해 내려놓을 수 있습니다. 단, 손에 든 카드의 순서는 절대 바꿀 수 없어요.

티츄

손에 든 카드를 최대한 빨리 없애야 합니다. 다른 점은 앞 사람이 낸 카드의 족보보다 더 세면 카드를 내려놓을 수 있습니다. 4인 전용, 2:2게임입니다!

스카우트

카드에 위아래의 숫자가 달라 위치를 고정한 상태로 시작됩니다. 규칙에 따라 바닥에 내려놓은 조합보다 강한 조합의 카드를 내려놓아 빨리 카드를 손에서 없애면 승리!

5분 마블

5분컷 협력 게임!

- **인원:** 4인
- **시간:** 5~7분
- **키워드:** #전략적사고 #의사소통
  #공동체역량 #5분컷

5분 안에 정해진 미션을 달성하는 게임입니다. 5분 마블에 등장하는 히어로는 특수 능력이 있고 영웅 각자에게 주어지는 특별 카드는 게임의 재미를 높여 줍니다. 정신없이 카드를 던지며 악당을 물리치다 보면 5분이 이렇게 짧았나 느끼게 되는 게임입니다. 미션에 성공했을 때 함께 기쁨을 누릴 수 있다는 점에서 매력적인 게임입니다.

게임설명 **5분 안에 힘을 합쳐 악당 무찌르기**

실시간으로 진행되는 카드 게임으로 참가자들은 각자 마블 속 영웅이 되어 가운데 놓인 악당 카드를 다 같이 물리쳐야 합니다. 악당 카드에 나온 아이콘이 모두 모이도록 힘을 합쳐서 카드를 내려놓으면 악당을 쓰러뜨릴 수 있습니다. 5분 내에 마지막 보스까지 물리친다면 승리!

게임방법을
영상으로 살펴보세요.

🎲 5분 마블을 더 재미있게 즐기는 방법

최종 악당까지 물리쳤다면 최단 기록 갱신을 목표로 도전해 보세요. 혼자 하는 게임보다 큰 성취감을 얻을 수 있습니다.

미션에 실패했을 때에는 어떤 점이 부족한지, 다음엔 어떻게 하면 좋을지 전략을 짜보게 하면 게임을 통해 아이가 성장하는 모습을 볼 수 있습니다.

5분 마블은 스마트폰 앱을 활용하면 더 긴박한 분위기 속에서 게임할 수 있어요. 캐릭터 음성과 배경 음악이 나오고 남은 시간도 알 수 있어 실감나고 재미있게 게임에 몰입할 수 있습니다.

🎲 5분 마블이 마음에 드셨다면?

5분 미스터리

각자 탐정단의 일원이 되어 서로 의사소통하며 박물관에서 보물을 훔친 범인의 단서를 조합해 범인을 찾아내는 게임입니다.

반디도

팀원들과 협력해 반디도가 파 놓은 모든 탈출구를 막으면 승리하는 게임입니다. 카드가 모두 떨어졌을 때 탈출구가 한 개라도 남아 있다면 패배!

드래곤우드

참가자들은 카드를 내고 주사위를 굴려 마주하는 마법 아이템을 얻거나 몬스터들을 물리쳐 점수를 얻기도 합니다. 점수가 가장 높은 참가자의 승리!

루미큐브

확신의 스테디셀러!

- 🕐 **인원:** 3~4인
- 🕐 **시간:** 20~30분
- ◎ **키워드:** #전략적사고 #문제해결 #애증의등록 #헤쳐모여

1930년대에 발명된 게임으로 전 세계에서 가장 유명한 게임 중 하나로 모바일 게임까지 제작 돼 현재까지도 많은 사랑을 받고 있는 게임입니다. 그만큼 남녀노소 모든 사람에게 적합한 보드게임입니다. 놓칠 수 없겠죠?

게임설명 **내 타일을 모두 내려놓아라!**

각자 열네 개의 타일을 들고 자신의 차례가 돌아오면 조건에 맞춰 타일을 내려놓을 수 있습니다. 같은 색이되 연속된 수, 혹은 서로 다른 색이되 같은 숫자로 타일을 내려놓아야 합니다. 자신의 타일을 빨리 내려놓은 사람이 승리!

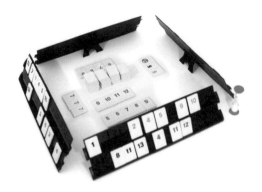

게임방법을
영상으로 살펴보세요.

🎲 루미큐브를 더 재미있게 즐기는 방법

월드루미큐브챔피언십(WRC)라는 국제대회가 3년마다 열립니다. 국내에서는 보드게임 페스타에서 대회가 진행됩니다. 대회에 참가해 다른 사람과 실력을 겨뤄 보며 아이의 도전의식을 키우고 추억을 만들어 보세요.

타일을 잃어버리는 것이 걱정되거나 여행 중, 혹은 공간이 좁은 환경에서 루미큐브를 하고 싶다면 루미큐브 무료 애플리케이션으로도 플레이해 볼 수 있습니다.

루미큐브는 여행용 버전, 틴케이스 버전, 심지어 한글 버전까지 다양하게 나와 있습니다. 버전마다 타일의 크기, 재질 등이 달라요. 상황에 따라 골라서 해볼 수 있습니다. 집에서 한다면 퍼니백, 클래식 등의 기본형을 추천합니다.

▶ 본문 130~132쪽 참조

🎲 루미큐브가 마음에 드셨다면?

로미라미

목표 카드에 표시된 카드 조합을 달성해 점수를 얻는 게임입니다. 다양한 카드의 무늬와 숫자 조합을 고려해야 하며 카드 게임이라 휴대성이 좋습니다.

렉시오

차례를 돌아가면서 자신의 패에서 규칙에 맞게 타일을 내고 가장 먼저 자신의 손에 든 패를 모두 털어 낸 사람이 1등이 되는 게임입니다.

세트 업

숫자가 같고 색이 다르거나 색깔이 같고 숫자가 연속인 타일의 조합을 만들어 보세요! 자신의 패와 공용 패를 잘 조합해 세트를 만들어 점수를 얻는 게임입니다.

러브레터

공주를 향한 치열한 눈치게임

- **인원:** 3~4인
- **시간:** 10~15분
- **키워드:** #기억력 #전략적사고 #추론력 #의사소통

러브레터는 공주에게 러브레터를 전하기 위해 벌이는 치열한 경쟁 게임입니다. 카드 구성이 단순하고 쉽게 이해할 수 있어 여럿이 하기 좋고 선택과 기회비용을 알 수 있다는 점에서도 유익합니다. 공주의 마음을 얻는 자는 누가 될까요?

게임설명 ▶ **상대의 카드를 추리하는 눈치게임**

이 게임은 카드를 한 장 들고 시작합니다. 그리고 새로운 카드를 뽑아 둘 중 하나의 카드를 내려놓아 해당 카드의 기능을 사용해 공격이나 방어를 합니다. 게임 중 한 명만 남으면 그 사람의 승리! 또는 더 이상 카드를 뽑을 수 없을 때 카드의 숫자를 비교해 가장 큰 수의 카드를 가진 사람이 승리!

게임방법을
영상으로 살펴보세요.

🎲 러브레터를 더 재미있게 즐기는 방법

러브레터와 같은 규칙으로 플레이하는 게임이 시중에 다양한 버전으로 나와 있습니다. 마블, 쿠키런 버전 등도 있으니 아이의 취향껏 고르세요.

상대가 사용한 카드를 잘 관찰하세요. 지금까지 나온 카드를 파악하고 있다면 상대의 카드를 추리하기 쉬워집니다.

2~4인이 쉽게 플레이하고 싶다면 준비 단계에서 경비(1번) 한 장, 수상(6번) 두 장, 첩자(0번) 두 장을 빼고 시작하세요. 조금 더 난이도가 내려가는 것을 느낄 수 있습니다.

🎲 러브레터가 마음에 드셨다면?

챠오챠오

진행자가 주사위 눈을 보고 말한 숫자가 참인지 거짓인지 파악해야 하는 게임입니다. 내가 맞히면 상대의 말이, 틀리면 자신의 말이 다리에서 떨어지는 게임입니다.

선물입니다

상대가 준 카드가 선물 카드일 수도 아닐 수도 있습니다. 내가 받는다면 내 점수가 되지만 거절하면 준 사람이 점수를 얻게 되지요. 치열하게 눈치를 봐야 하는 게임입니다.

바퀴벌레 포커 로얄

자신의 카드를 다른 사람에게 넘기는 게임입니다. 이때 그 카드가 무엇인지 진실 혹은 거짓으로 말할 수 있어요.

티켓 투 라이드

방구석 세계일주!

- 🏃 **인원:** 3~4인
- 🕐 **시간:** 60분
- 🔻 **키워드:** #창의적사고역량 #의사소통 #세계여행

7일간의 기차 여행에 당신을 초대합니다. 기차를 타고 북미 지역 도시를 여행하는 게임입니다. 세계의 각 지역 지명에 대해 친숙하게 익힐 수 있고 매력적인 기차 구성품들이 있어 소장 욕구를 불러일으킨답니다. 자, 그럼 기차에 오를 준비 되셨나요?

게임설명 **기차 카드를 모아 여러 도시 연결하기**

참가자들은 각자 기차표에 표시된 도시를 기차로 연결해야 합니다. 기차 카드를 수집해 도시를 연결하면 점수를 획득할 수 있습니다. 기차표 선택 전략과 효율적 기차 노선을 만들어 승리를 차지해 봅시다!

게임방법을
영상으로 살펴보세요.

🎲 티켓 투 라이드를 더 재미있게 즐기는 방법

아이가 게임을 어려워한다면 목적지 카드를 꼭 세 장을 갖고 시작하지 않아도 괜찮습니다. 네 장 중 한 장 이상을 선택하는 것처럼 목적지 카드를 선택할 수 있는 기회를 더 주면 난이도가 쉬워집니다.

티켓 투 라이드는 다양한 버전이 있어 필요에 따라 구매할 수 있습니다. 유럽 버전의 경우 기차역이 생기고 레일&세일 버전에서는 배가 생깁니다. 뉴욕 버전은 택시가 나오며 플레이 시간이 무척 짧습니다. 인도 버전은 페리가 있습니다. ▶ 본문 137~138쪽 참조

지나가는 지역에 따라 다양한 전략을 세울 수 있습니다. 상대가 어느 지역을 지나갈지 생각하고 그 길을 선점하면 상대보다 우위를 점하고 목표를 더 쉽게 이룰 수 있습니다. 이를 통해 아이의 전략적 사고를 키울 수 있어요.

🎲 티켓 투 라이드가 마음에 드셨다면?

넥스트스테이션: 런던

공개되는 카드에 맞춰 자신만의 지하철 노선을 만듭니다. 여러 구역과 관광지를 지나고 환승역을 많이 만들어 가며 점수를 높여 가는 게임입니다.

투카나 여행길

섬을 가로지르는 촘촘한 여행길을 만들어 최대한 많이 연결되는 여행길을 만드는 게임입니다.

버스 노선을 만들자

오픈되는 정류장 색깔에 따라 내가 갖고 있는 버스노선도에 나만의 노선을 그려 나갑니다. 공동 미션 두 개와 개인 미션 한 개를 달성하는 것이 중요한 게임입니다.

다빈치코드 플러스

니가 가진 패는 무엇이여?

- ⓘ **인원:** 2~4인
- ⓘ **시간:** 5~10분
- ⓘ **키워드:** #전략적사고　#추론력　#심리전　#숫자카운팅

다빈치코드에 숨겨진 비밀을 밝혀라. 일본 동경대 수학과의 학생과 세계 수학 올림픽 1회 우승 자가 함께 만든 게임으로 자신의 비밀 코드는 숨기고 상대의 코드를 추리하는 게임입니다. 정 보를 수집하다 보면 상대방의 코드가 보이기 시작합니다. 10분 내외의 흥미진진한 추리 대결 을 시작해 볼까요?

게임설명 숫자 코드를 상대보다 더 빨리 파악하기

각 플레이어는 3~4개의 타일을 가져와 오른쪽으로 갈수록 숫자가 커지도록 배치합니다. 플레이어는 번 갈아 가며 중앙의 타일 중 하나를 선택해 가져와 배치하고 상대방의 타일 하나를 맞힙니다. 성공하면 상 대방의 타일을, 실패하면 자신이 가져온 타일을 공개합니다. 모든 상대방의 타일을 밝히면 승리합니다.

게임방법을 영상으로 살펴보세요.

다빈치코드 플러스를 더 재미있게 즐기는 방법

 게임이 어렵게 느껴진다면 두 가지 색깔만 사용하거나 게임 시작 시 가져가는 타일의 수를 늘려 보세요. 게임이 한결 쉬워집니다. 조커를 없애도 게임이 쉬워집니다.

남의 패를 전부 보이게 하고 자신의 패를 보지 않고 자신의 패가 무엇인지 추측해 보는 방식으로도 진행할 수 있어요. 이때 가운데에는 비공개패를 일곱 개 정도 둡니다.

 이 게임은 공개된 것과 공개되지 않은 타일 정보가 무엇인지 아는 것이 핵심입니다. 종이와 연필을 미리 준비해서 메모하며 머릿속을 정리해 보세요.

다빈치코드 플러스가 마음에 드셨다면?

스트림스

랜덤으로 뽑히는 타일을 활동지 빈 칸 중 원하는 위치에 적어 갑니다. 오름차순으로 끊이지 않아야 고득점을 얻는 게임입니다.

셜록 13

질문을 통해 빠진 조건을 찾아가며 범인이 누구인지 찾아야 합니다. 단순하고 짧게 즐길 수 있는 게임입니다. 브레드 이발소 버전도 있답니다.

구룡투

더지니어스 흑과 백 게임의 보드게임 버전입니다. 2인용 블라인드 대결 게임으로 상대보다 높은 숫자를 내야 이기는 심리전 게임입니다.

파라오코드

파라오가 숨겨 놓은 코드의 비밀을 밝혀라!

🧑 **인원:** 2~5인
🕐 **시간:** 20분
❤️ **키워드:** #고대이집트 #순발력 #혼합계산 #암산력

베일에 싸인 수수께끼, 파라오코드! 먼저 파라오코드를 푸는 사람이 보물을 차지하리라. 이집트 왕가의 계곡에 숨은 보물인 황금풍뎅이를 손에 넣으세요. 2014 멘사 추천 후보에 오르고 전 세계 15국으로 진출하며 재미와 교육을 한 번에 잡았다는 평을 받는 게임! 파라오코드를 즐겨 볼까요?

게임설명 ▶ **주사위를 활용해 숫자 타일 획득하기**

한 사람이 주사위 세 개를 모두 굴리면 모두가 동시에 주사위의 세 숫자를 이용해 각종 연산식을 만듭니다. 자신이 만든 연산식의 답이 되는 숫자 타일이 있다면 그 숫자 타일을 가져올 수 있습니다. 숫자 타일 뒷면의 황금풍뎅이 개수가 가장 많은 사람이 승리!

(5-2)×11=33
11×2+5=27
2×5+11=21
(11-5)×2=12
5+11=16

게임방법을
영상으로 살펴보세요.

🎲 파라오코드를 더 재미있게 즐기는 방법

만약 큰 수의 계산을 빠르게 하는 것이 어렵다면 팔면체, 십이면체 주사위 대신 육면체 주사위 네 개를 사용하면 연산이 쉬워질 수 있어요.

더 높은 수준의 연산을 할 수 있다면 제곱이나 루트(제곱근)처럼 다양한 연산 기호를 허용해 숫자 타일을 획득하게 할 수 있어요. 또 연산 방법을 제한하는 방법으로 난이도를 올릴 수 있어요.

이 게임을 반복적으로 하다 보면 최고 수준의 숫자 타일의 수를 외우는 경우가 있습니다. 그럴 때는 숫자 타일과 같은 크기의 종이를 이용해 새로운 숫자로 변형을 하면 좋아요.

🎲 파라오코드가 마음에 드셨다면?

크로스 매쓰

숫자와 연산 기호 타일을 조합해 등식을 만들고 점수를 획득하는 게임이에요. 숫자 타일을 조합해 등식을 만들기 때문에 자유도가 높아요.

아이스 큐브

두 자리 수의 덧셈과 뺄셈이라 파라오코드보다 쉬워 혼자 할 수 있는 게임이에요.

페르마

주사위 세 개를 굴려 나온 숫자를 사칙연산을 이용해 계산하고 빙고를 만들며 점수를 획득하는 게임입니다. 덧셈, 뺄셈, 곱셈, 나눗셈 등으로 난이도를 조절할 수 있어요.

프로젝트 L

공간 퍼즐로 즐기는 색다른 두뇌싸움

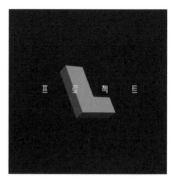

- 🧑 **인원:** 1~4인
- 🕐 **시간:** 20~30분
- ❤️ **키워드:** #논리적사고 #뒤집기돌리기
  #공간지각력 #전략적사고

최종 승리를 위한 전략을 세워 가는 새로운 공간 퍼즐이 등장했습니다! 아홉 가지 종류의 타일을 이용해 뒤집기, 돌리기로 퍼즐을 완성하고 새로운 퍼즐을 얻어 점수를 얻는 게임으로 전략적 사고력과 공간지각력 향상에 도움이 되는 게임입니다. 최대한 많은 퍼즐을 만들기 위한 전략을 세우며 프로젝트 L을 즐겨 보실까요?

게임설명 퍼즐을 완성해 점수 얻기

이 게임은 가져오기, 재활용, 업그레이드, 놓기, 마스터 등의 다섯 가지 행동을 원하는 조합으로 세 가지만 진행해 퍼즐판을 완성합니다. 퍼즐판을 완성하면 블록을 보상으로 얻을 수 있어요. 검은색 퍼즐판이 다 떨어지면 게임이 종료됩니다. 모은 퍼즐판 점수가 가장 높은 사람의 승리!

게임방법을
영상으로 살펴보세요.

🎲 프로젝트 L을 더 재미있게 즐기는 방법

다른 사람과 대결할 수도 있고 혼자서도 게임을 즐길 수 있어요. 1인 게임의 자세한 규칙은 규칙서에 있습니다.

게임을 할 때마다 어떤 퍼즐을 풀고 블록을 추가로 얻느냐가 바뀌기 때문에 한정된 퍼즐을 가지고 여러 번 반복해도 또 다른 재미를 느낄 수 있어요. 두 가지 확장판이 있어 두 버전을 섞어 본판과 함께 게임하면 더 속도감 있는 게임 진행을 할 수 있습니다.

도형의 합동, 회전, 이동 등의 개념을 구체적 조작 활동을 통해 이해할 수 있어요. 도형 개념이 어려운 친구들에게 추천합니다.

🎲 프로젝트 L이 마음에 드셨다면?

우봉고 3D

자신이 선택한 난이도의 문제 카드 퍼즐을 입체 블록으로 쌓아서 맞추는 게임입니다. 주어진 블록을 이리저리 돌려 가며 조합해 문제 카드의 모양을 만드는 입체 퍼즐입니다.

라보카

마주 보는 두 명이 자신에게 보이는 블록을 서로 이야기하면서 입체 도형을 완성해 가는 협력 게임입니다. 추가 블록으로 더 높은 난이도의 문제 카드를 해결할 수 있습니다.

큐빅스

자신과 상대방의 보드에 있는 블록 쌓기 부분에 패턴을 만들어 점수를 얻는 전략적 3D 블록 게임입니다. 다른 사람의 보드에도 블록을 놓을 수 있어 전략적 요소가 강한 게임입니다.

카탄

전략 게임 베스트셀러!

- 🧑 **인원:** 3~4인
- 🕐 **시간:** 40~75분
- 🧭 **키워드:** #도시건설 #자원교역 #협상 #전략게임

"태초에 카탄이 있었다."라는 말로 대표되는 게임인 카탄은 현대 독일 전략 게임의 정수라고 불리는 명작입니다. 독일 올해의 게임상을 비롯해 다수의 상을 수상했으며 대중성과 게임성을 모두 잡았다는 평가를 받고 있습니다. 오랜 시간 사랑받는 전략 게임의 베스트셀러! 카탄을 함께 즐겨 볼까요?

게임설명 주사위를 굴려 얻은 자원을 거래해 도시 건설!

주사위를 굴려 나온 숫자의 합과 같은 숫자의 땅 타일에서 자원을 생산하거나 다른 플레이어와 협상을 통해 자원을 교환합니다. 모은 자원으로 비용을 지불해 도로, 마을 등을 건설하고 점수를 얻습니다. 10점을 먼저 얻으면 승리!

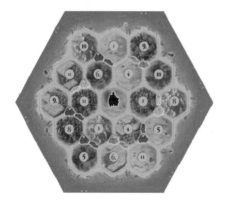

게임방법을
영상으로 살펴보세요.

카탄을 더 재미있게 즐기는 방법

 게임을 통해 밀, 목재, 흙, 양, 철광석과 같은 자원의 특성과 활용에 대해 자연스럽게 흥미를 가지게 됩니다. 이를 통해 주변 물체를 구성해 가는 물질에 대한 이해와 지역에 따른 인문 환경에 대해 깊이 알 수 있습니다.

주사위 구 혹은 발전 카드로 상대방의 자원을 빼앗을 수 있는 도둑을 사용하게 됩니다. 아이가 경쟁심이 강하다면 갈등의 요소가 될 수 있으니 도둑을 빼고 게임하는 것을 추천합니다.

매번 게임을 할 때마다 카탄 섬의 지형이 변경되는 것이 원칙입니다. 게임에 적응하는 초기에는 처음 설정으로 고정해 어떤 숫자가 자주 나오는지, 어떤 자원이 많이 나오는지 익숙해지도록 합니다. 이후 변경해 가면 전략을 세우는 데 도움이 됩니다.

카탄이 마음에 드셨다면?

아줄

이국적 타일이 무척 매력적인 게임입니다. 전략적으로 타일을 가져와서 규칙에 맞게 놓아 높은 점수를 얻어 보세요.

카르카손

타일을 놓아 성을 짓고 길을 이어 점수를 얻는 게임으로 전략적으로 자신의 영지를 넓혀 가는 묘미가 있습니다.

이스탄불

주사위를 굴려 자원을 얻고 조건에 맞춰 루비를 모으는 게임입니다. 주사위를 굴리는 방식이라 운적 요소가 작용하며 어떤 행동을 할지 전략을 세워야 합니다.

약수배수 트레인

약수와 배수를 게임으로 배워 보자!

- 🧑 **인원:** 3~5인
- 🕐 **시간:** 20~30분
- 🔑 **키워드:** #약수배수 #운과전략 #카드뽑기 #카드배치

현직 초등학교 선생님들이 직접 개발한 수학용 보드게임입니다. 티켓들을 뒤집어 보면서 플랫폼에 맞는 곳에 카드를 내려놓아 봅시다. 약수와 배수에 대해 끊임없이 생각하면서 자신의 운을 시험해 보는 재미가 있습니다.

게임설명 **카드를 뽑아 알맞은 곳에 놓고 가져가기**

토큰을 던져 약수행, 배수행 기차 중 하나를 정합니다. 카드 더미에서 카드를 한 장씩 뽑아 기준 카드의 약수 또는 배수를 내려놓습니다. 카드는 원하는 만큼 내려놓을 수 있습니다. 한 장 이상의 카드를 놓았다면 한 줄을 골라 그 줄의 카드를 모두 가져올 수 있습니다. 카드 더미가 떨어질 때까지 게임을 한 뒤 점수가 가장 높은 사람이 승리!

게임방법을
영상으로 살펴보세요.

🎲 약수배수 트레인을 더 재미있게 즐기는 방법

게임의 종료 기준이 너무 어렵다면 처음에는 모은 카드 개수를 점수로 정하고 플레이해 보세요.

게임을 하면서 자신이 가져온 카드의 숫자를 점검하고 앞으로 어떤 카드를 가져오는 것이 좋을지 생각해 보는 것이 좋습니다. 여러 장의 카드를 가져오는 것보다 더 큰 점수를 얻을 수도 있어요.

게임에 익숙해지고 난 다음에는 처음에 정하는 약수행, 배수행 토큰을 던지지 말고 자신이 더 높은 점수를 얻을 수 있는 방법으로 각자 점수를 매겨서 비교해 보세요. 약수와 배수에 대해 더 많이 생각해 볼 수 있을 거예요.

🎲 약수배수트 레인이 마음에 드셨다면?

젝스님트!

열 장의 카드를 들고 시작해 한 장씩 카드를 내면서 오름차순으로 배치하는 게임입니다. 전략과 운의 조화를 느껴 보세요.

텐텐텐

카드를 뽑아 자신의 운을 시험하면서 덧셈, 뺄셈을 하는 보드게임입니다. 특수 카드 경매와 카드 구매로 많은 점수를 얻어 보세요.

프라임 클라임

사칙연산과 소인수분해를 이용해 마지막 숫자까지 이동하는 보드게임입니다. 색을 이용한 숫자 표시로 약수와 배수 개념을 직관적으로 이해할 수 있습니다.

스크래블
가로세로 영어 끝말잇기

- **인원:** 2~4인
- **시간:** 90분
- **키워드:** #단어만들기 #어휘력 #창의적사고력

가로나 세로 한 줄로 타일을 놓아 모든 줄이 영어 단어가 된다는 규칙만 지키면 되는 단어 만들기 보드게임입니다. 전 세계에서 1억 개 이상 판매된 베스트셀러로 매년 세계 선수권 대회도 열린답니다. 옥스퍼드 사전에도 실렸다는 스크래블, 함께 즐겨 볼까요?

게임설명 **알파벳 타일을 이용해 영어 단어를 만드는 게임**

이 게임은 각자 일곱 개의 타일을 가지고 시작합니다. 자신의 차례가 되면 단어 만들기, 타일 교환하기, 통과하기 중 한 가지 규칙을 실행할 수 있습니다. 단어를 만들 때 사용한 타일에 적힌 점수와 보드판의 보너스 점수 칸의 점수를 포함해 가장 높은 점수를 받은 사람이 승리!

게임방법을
영상으로 살펴보세요.

스크래블을 더 재미있게 즐기는 방법

게임을 시작할 때 알파벳 타일을 먼저 살펴보고 같은 글자끼리 구분하기, 숫자 세기, 타일 도미노 등을 통해 게임과 친해지는 시간을 먼저 가지세요. 게임에 대한 흥미를 더해 줄 겁니다.

평소 아이가 영어 공부를 하다가 새로 알게 된 단어가 있으면 기록해 뒀다가 스크래블 게임에 활용해 보도록 이끌어 주세요. 영어 철자에 관심을 갖게 되는 것을 볼 수 있어요.

 자신에게 주어진 타일로 단어를 생각해 내기 어려워하는 경우에는 영어사전을 활용하거나 타일에 스티커를 붙여 조커 타일을 만들면 아이가 좀 더 쉽게 단어를 만들 수 있습니다.

스크래블이 마음에 드셨다면?

바나나그램스 듀얼!

입체 주사위를 활용해 단어를 만드는 1~2인용 영어 단어 게임입니다. 주사위를 굴리기 때문에 실력과 상관없이 재미있게 진행할 수 있습니다.

스펠 잇!

다섯 개의 주사위를 던져 이를 포함하는 단어를 먼저 말한 사람이 알파벳 수만큼 점수 칩을 얻는 게임입니다.

워드서치!

가로, 세로, 대각선 방향으로 숨겨진 영어 단어를 찾아 자신의 색깔 토큰을 올려놓는 게임이에요. 주어진 단어를 찾기 위해 스펠링을 외우게 됩니다.

모던아트

미술품 수집의 세계로 오세요!

- 🙂 **인원:** 3~5인
- 🕐 **시간:** 45분
- 🔻 **키워드:** #명화감상 #경매 #미술 #거장 #아트테크

모던아트는 클래식한 예술 작품을 소재로 경매 게임의 진수를 보여 주는 보드게임입니다. 마네, 세잔, 고흐, 뭉크 등 유명 작가들의 작품 세계를 살펴보는 모던아트를 함께 즐겨 볼까요?

게임설명 **소유한 작품을 경매해 돈을 버는 게임**

자신의 차례에 팔고 싶은 그림 작품으로 경매를 진행합니다. 경매 결과에 따라 돈을 지불하고 각 라운드별로 많이 거래된 작가일수록 그림값이 올라갑니다. 4라운드 후 많은 금액을 번 사람이 승리!

게임방법을
영상으로 살펴보세요.

🎲 모던아트를 더 재미있게 즐기는 방법

구입한 명화들로 자신의 미술관을 소개하는 시간을 가져 보세요. 고흐를 좋아하는 아이는 고흐 작품을 집중적으로 구입하는 식으로 게임을 했는데, 게임에 졌어도 고흐 작품들을 구입할 수 있어 행복해했답니다.

아이의 관심사에 따라 자신만의 보물을 가지고 경매할 수 있어요. 예를 들어 포켓몬 마스터가 되어 포켓몬 카드를 경매하면 어떨까요?

모던아트 게임을 통해 고전미술, 현대미술의 거장들과 작품에 친숙해지는 기회가 될 수 있습니다. 이후 관련 인물들에 대한 책을 읽으며 미술 이해의 폭을 한층 더 높여 주면 유익하답니다.

🎲 모던아트가 마음에 드셨다면?

캐시 어 캐치

수산시장 경매에 참여해 신선한 해산물을 보관하고 판매하며 많은 돈을 버는 게임입니다.

스톨른 페인팅

탐정은 명화 카드를 기억하고 도둑은 카드를 훔쳐 섞는 방식으로 명화를 기억하고 맞추는 게임입니다.

도우도우 명화 메모리게임

도우도우와 모우모우 캐릭터로 패러디한 명화 카드를 가지고 플레이하는 메모리 게임이에요.

타임라인 한국사

과거로의 시간여행, 게임으로 배우는 역사!

- 🧑 **인원:** 2~8인
- 🕐 **시간:** 20분
- 🔄 **키워드:** #한국사공부 #역사적사고
  #연대기파악력 #추론

타임라인 한국사는 기존 타임라인이 한국사를 다루는 버전으로 출시된 보드게임입니다. 현직 초등학교 선생님들이 기획에 참여하고 교과서에 나오는 역사적 사건 100개를 선정했습니다. 역사적 사건을 시간순으로 나열하며 사건의 맥락을 이해할 수 있는 타임라인 한국사를 함께 즐겨 볼까요?

게임설명 한국사의 흐름을 사건의 맥락 속에서 파악하는 게임

플레이어들은 각자 다섯 장의 카드를 나눠 받고 연도가 적히지 않은 면만 보이게 내려놓습니다. 그중 카드 한 장의 연도를 공개해 중앙에 내려놓으면 해당 카드가 다른 카드에 적힌 사건의 연도를 시간순으로 나열하는 기준이 됩니다. 중앙에 놓인 카드의 연도 전후로 각자 가진 카드가 언제 일어난 사건인지를 맞춰 시대순으로 나열하면 됩니다. 순서를 돌아가면서 한 장씩 내려놓고 시간 순서를 잘못 추측했으면 새로운 카드를 한 장씩 받는 방식으로 진행합니다. 가장 먼저 손에 있는 카드를 모두 내려놓으면 승리!

게임방법을
영상으로 살펴보세요.

🎲 타임라인 한국사를 더 재미있게 즐기는 방법

처음부터 모든 카드를 사용하는 것이 아니라 절반씩 혹은 시대별로 나눠 제한된 범위의 카드를 가지고 게임하면 좀 더 쉽게 게임할 수 있어요.

아이가 한국사를 공부하며 카드를 만들고 그 카드로 게임을 한다면 더 잘 기억할 수 있어요. 한국사가 아닌 다른 주제로 나만의 타임라인을 만들어 보는 방식도 추천합니다.

처음 구매한 뒤 두 묶음의 카드를 섞지 않은 상태에서 한 장 한 장 읽어 보며 살펴본 뒤 게임을 한다면 사건의 맥락을 이해하는 면에서 더욱 효과적이에요.

🎲 타임라인 한국사가 마음에 드셨다면?

고피쉬 한국사

다른 사람에게 묻고 답하며 두 장씩 짝을 만드는 과정에서 한국사 공부를 하게 되는 게임입니다. 시대별로 게임이 있어 중요 사건들을 게임을 통해 익힐 수 있습니다.

엑세스 플러스 타임라인

일상생활, 예술과 레저, 추억의 시간 순서를 추측해 순서대로 내려놓는 게임입니다. 추억하기 규칙이 추가돼 뽑은 카드의 주제로 이야기를 나눌 수 있습니다.

마이빅월드-한국

한국의 문화재, 자연, 축제의 설명을 보고 위치를 찾는 게임입니다. 역사와 지리 공부를 한 번에 할 수 있습니다.

Column

아이들이 간단하게 만들 수 있는 즉석 게임 시리즈

혹시 보드게임은 누가, 어떻게 만드는 것인지 궁금증을 가져 본 적이 있나요? 이 질문에 대한 정답은 "누구나 어디서든 만들 수 있다."입니다. 무작정 보드게임을 만들어 보겠다고 하면 어렵게 느껴질 수도 있습니다. 하지만 누구나 한 번쯤 살면서 보드게임을 만들어 본 적이 있을 겁니다. 뱀과 사다리 게임을 해보고 부루마불을 변형해 직접 만들어 봤을 것입니다. 이처럼 나만의 보드게임을 만드는 것은 전혀 어렵지 않습니다. 이미 잘 알고 있는 보드게임들의 디자인을 바꿀 수도 있습니다. 규칙 일부를 변형시키는 것도 보드게임 만들기가 될 수 있습니다. 아이들과 함께 간단히 만들 수 있는 게임을 함께 살펴볼까요?

1. 펭귄파티를 응용해 보자.

첫 번째로는 펭귄파티를 응용하는 방법입니다. 펭귄파티는 같은 색의 카드를 겹쳐 피라미드 모양으로 쌓으면서 가능한 많은 카드를 내려놓는 게임입니다. 네 가지 카드는 각각 같은

| 방법1 | 색깔별 카드를 같은 그림으로 바꾸기

색으로 일곱 장씩, 나머지 한 가지 카드는 여덟 장으로 구성돼 있습니다. 가장 간단하게 펭귄파티와 같은 카드를 만드는 방법은 색깔별 카드를 자신이 원하는 그림으로 바꾸는 것입니다. 단순히 같은 그림으로 나타낼 수도 있고, 각각 다른 그림으로도 꾸밀 수 있습니다. 예를 들어 빨간색 카드는 사과, 딸기, 토마토 등 빨간색 과일 그림으로 그려 만들 수 있습니다.

| 방법2 | 색깔별 카드를 다른 그림으로 바꾸기

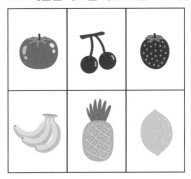

같은 색의 펜으로 카드 색을 구분하고, 그림 대신 글자로 나타내 게임 방법을 변형시킬 수도 있습니다. 예를 들어 색깔별로 칭찬하는 말 또는 내가 듣고 싶은 말 등을 적어 카드를 꾸밉니다. 게임을 할 때에는 펭귄파티와 같은 방법으로 카드를 내려놓으며 칭찬하는 말을 직접 입으로 내뱉는다는 규칙을 추가하는 것이죠.

| 방법3 | 칭찬하는 말 또는 내가 듣고 싶은 말로 바꾸기

너를 사랑해	너는 참 소중해	네가 있어 기뻐	넌 정말 멋져	난 네가 자랑스러워	함께 있어 행복해

2. 푼토를 응용해 보자.

푼토는 색깔 카드를 6×6의 형태로 내려놓으며 진행하는 사목 게임입니다. 같은 색깔 카드 네 장을 한 줄로 놓으면 승리합니다. 빨간색, 초록색, 파란색, 노란색의 카드가 1부터 9까지 각 두 장씩, 총 72장의 색깔 카드로 구성돼 있습니다. 먼저 간단히 응용하는 방법은 직접 숫자를 쓰고 꾸며서 카드를 바꾸는 것입니다. 기본 카드는 주사위의 눈 모양으로 돼 있어서 미취학 아동들에겐 한눈에 보기 어려울 수 있으니 단순히 숫자만 쓴 카드를 만들어 사용합니다. 조금 더 응용된 버전으로는 자연수가 아닌 분수나 소수를 사용해 변형 카드를 만들 수 있습니다. 원래 게임에서는 큰 숫자 카드로 다른 사람의 작은 숫자 카드를 덮는 규칙이 있는데 분수나 소수로 바꾼 카드로 게임을 하면 자연스럽게 분수와 소수의 크기 비교 학습까지 가능합니다.

| 방법1 | 숫자로 바꾸기

1	2	3

| 방법2 | 분수 또는 숫자로 바꾸기

$\frac{1}{2}$	$\frac{2}{3}$	0.5

보드게임을 만드는 것은 전혀 어렵지 않습니다. 원래 있던 보드게임들을 활용해 아이들과 함께 나만의 보드게임을 직접 만들어 보세요. 만든 보드게임으로 게임을 하면 더 재미있게 느껴진답니다.

3부

아이와 부모가 함께
즐거운 보드게임 활용법

1장

아이 맞춤형 게임
– 우리 아이만의 탁월한 재능 발견하기

보드게임 관련 교사 모임을 하고 강의를 하다 보니 주변에서 보드게임 추천에 대한 문의를 자주 받습니다. 최근에 받은 문의 중 하나는 가까운 직장 동료이자 부부끼리 친한 가족의 집들이에 초대를 받았는데 다섯 살 정도 되는 남자아이를 위한 선물로 적당한 보드게임을 추천해 줄 수 있냐는 것이었습니다. 아이가 다섯 살이라고 하니 너무 어렵지 않고 활동성을 보장하며 반복해서 게임을 해도 재미있을 게임으로 도블, 스틱스택, 루핑루이, 클라스크 등을 추천했습니다.

만약 아이가 초등학교 고학년이라면 다른 게임을 추천했을 것입니다. 아이마다 성격도 다르고 부모가 길러 주고 싶은 역량도 다릅니다. 또 활동적인 것을 좋아하는 아이, 혼자 하는 것을 좋아하는 아이, 추리소설을 즐겨 읽으며 추리하는 것을 좋아하는 아이 등 저마다 다른 특징을 가지고 있습니다. 각자의 성향에 따라 강점, 혹은 보충하고 싶은 부분을 보드게임으로 적절하게 충족할 수 있습니다.

교실에서 다양한 보드게임을 하다 보면 아이들마다 취향도 다른 것을 알 수 있습니다. 작년까지 인기 있던 게임이 올해는 외면받기도 하고, 같은 반에서도 특정 게임을 즐기는 아이와 그렇지 않은 아이가 나뉘곤 합니다. 어떤 해는 파라오코드가 취향인 아이들이 참 많았습니다. 분명 공부에 도움이 되

는 게임이라고 분류했는데 아이들이 쉬는 시간, 점심시간에는 물론, 방과 후까지 남아서 게임을 하기도 했습니다. 심지어 수학을 싫어하는 아이도 게임 구성품인 풍뎅이가 예쁘다며 같이 플레이하곤 했습니다. 하지만 그렇게 인기를 끌던 파라오코드도 다른 해에는 예년만큼의 인기를 누리지는 못했습니다.

아이들도 저마다 취향과 성향이 있어 흥미를 가지거나 자신과 맞는 게임이 있습니다. 눈치가 빨라 할리갈리 같은 순발력 게임에 강한 아이가 있는가 하면 스플렌더, 카탄과 같은 전략 게임을 좋아하는 아이도 있습니다. 개, 고양이를 좋아하는 것처럼 특정테마가 좋아서 마음에 들어 하는 경우도 있고 포켓몬이나 마블 에디션처럼 유명한 테마를 가진 게임을 사는 경우도 있습니다.

누구나 어떤 분야든 처음에는 어느 정도 시행착오를 거치면서 취향을 알아 가고 본인에게 맞는 것을 찾기 마련입니다. 옷, 음식, 운동, 심지어 주변 친구까지도요. 아이들의 보드게임도 그렇게 시행착오를 거치면서 취향에 맞고 공부와 재미를 잡을 수 있는 게임을 잘 찾을 수 있을 것이라 생각합니다. 가급적이면 시행착오를 줄이길 바라는 마음으로 아이의 특성에 따른 맞춤형 보드게임을 추천합니다.

활동적인 아이를 위한 보드게임

추천상황 **"밖에서 노는 게 좋아요."**

우리 아이는 밖에서 뛰어 노는 것을 좋아합니다. 이리저리 빠르게 잘 뛰어다니고 물건도 잘 던져 잡곤 합니다. 노는 모습을 지켜보니 순발력과 민첩성을 갖춘 아이라는 생각이 듭니다. 당연히 이리저리 뛰어다니거나 자신의 순발력과 민첩성을 보여 줄 수 있는 놀이들을 하고 싶어 합니다. 그렇다고 미세먼지가 심하거나 무더위가 심각한 날에도 밖에서만 뛰어 놀 수는 없는 노릇입니다. 활동적인 우리 아이에게도 맞는 보드게임이 있을까요?

활동적인 게임을 좋아하는 아이, 순발력이나 민첩성이 좋은 아이에게는 규칙이 간단하면서도 재미있는 보드게임을 추천합니다. 친구들이 놀러 왔을 때 꺼내 놀기 가장 좋은 보드게임들입니다.

1 **루핑루이** ▶ 추천: 만 5세 이상

장난꾸러기 비행사 루이에게서 닭을 지키세요. 가운데에서 360도로 돌아가는 비행기가 지나갈 때 자신의 버튼을 눌러 자신의 닭 토큰을 지키는 게임입니다.

② 흔들흔들 해적선 ▶추천: 만 5세 이상

해적선 위에 크고 작은 펭귄 선원, 닻, 금고를 하나씩 올립니다. 흔들거리는 해적선이 균형을 잡으면 성공입니다.

③ 코코너츠 ▶추천: 만 5세 이상

원숭이 발사대에서 코코넛을 발사해 바구니에 넣는 게임입니다. 협응력을 키우며 재미있게 게임해 보세요.

④ 숲속의 음악대 ▶추천: 만 6세 이상

돌아가며 카드를 낼 때, 동물마다 정해진 행동을 해야 합니다. 행동을 잊어버리거나 엉뚱하게 행동하면 앞에 놓인 카드를 모두 가져와야 하니 웃으면서도 집중해야 해요.

⑤ 트위스터 ▶추천: 1학년 이상

룰렛을 돌려 조건에 맞게 각자의 손발을 동그라미 색깔판 위에 올립니다. 몸이 꼬이면 꼬일수록 재미있는 몸동작이 나온답니다.

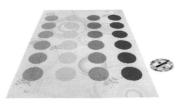

⑥ 할리갈리 컵스 ▶추천: 1학년 이상

미션 카드와 같은 형태로 자신의 컵을 최대한 빨리 배치합니다. 누가 빨리 컵을 정확히 움직이는지 순발력 대결을 해보세요.

⑦ 텀블링 다이스 ▶추천: 2학년 이상

주사위를 튕겨 나온 수와 자신이 이동한 칸의 점수를 곱해 점수를 얻습니다. 주사위가 판을 넘어가지 않게 힘 조절을 잘하는 것이 포인트입니다.

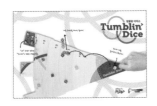

대화를 즐기는 아이를 위한 보드게임

추천상황 "난 이런데 엄마는 어때요?"

우리 아이는 대화를 즐깁니다. 유치원이나 학교에 다녀오면 하루 종일 보고 들은 것이 얼마나 많은지 들려주고 싶어 합니다. 자신의 생각을 조잘조잘 이야기하면서도 다른 사람의 생각에 귀 기울이는 면모를 보입니다. 자신이 겪은 일을 이야기하는 중간중간 질문을 던지며 상대방과 소통하려는 모습을 보면 자신과 다른 사람에 대한 차이를 이해하고 받아들이려는 자세가 돼 있는 듯합니다.

대화가 익숙한 아이들의 놀이는 경쟁보다는 협력과 소통에 기반한 경우가 많습니다. 조잘조잘 이야기하고 소통하는 것을 좋아하는 아이로 자라도록 하려면 대화 폭을 넓혀 주고 상대방과 나의 생각 차이를 느끼며 협력할 수 있는 보드게임이 좋습니다.

① 왓츠 잇 투야 ▶ 추천: 만 6세 이상

출제자가 단어 다섯 개에 대한 우선순위를 정하면 나머지 사람들은 그 순위를 맞춰 보는 게임입니다. 가장 많이 맞춘 사람이 점수를 얻게 됩니다.

❷ 나를 맞혀줘 ▶추천: 만 7세 이상

다섯 가지 질문 카테고리가 주어집니다.
각 질문에 대해 세 가지 보기 중 상대가
내는 답을 맞히는 게임이에요!

❸ 금지어 게임 ▶추천: 2학년 이상

상대에게 특정 단어를 설명할 때 "음…,
어…, 그…"처럼 뇌가 멈춘 듯한 소리를 내
면 안 됩니다. 계속해서 추가되는 금지어들
을 피해 상대에게 단어를 설명하세요.

❹ 알려줘 너의 TMI ▶추천: 3학년 이상

문제에 대한 답을 보며 우리 팀이 누구인지 찾으면 점수를 얻습니다. 가장 높은 점수를 얻은
사람이 승리!

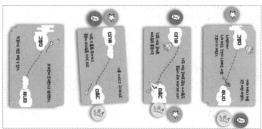

5 팀3 ▶ 추천: 4학년 이상

팀3는 말 그대로 3인의 협력 게임입니다. 한 명은 손짓으로 그림을 설명하고 다른 한 명은 손짓을 보고 말로 설명하며 다른 한 명은 말을 듣고 모양을 만들어야 합니다.

6 딕싯 ▶ 추천: 2학년 이상

출제자가 주제에 대해 생각한 카드가 무엇일지 찾는 게임입니다. 매력적인 오답을 피해 정답을 찾아야 합니다. 게임 후에 카드를 뽑은 이유에 대해 이야기를 나눠 보세요.

7 옛날 옛적에 ▶ 추천: 3학년 이상

나만의 엔딩을 완성하기 위해 이미 공개된 시작 카드를 시작으로 한 문장씩 자신의 단어 카드를 내려놓으며 이야기를 이끌어 갑니다. 얽히고설키는 이야기를 맛볼 수 있습니다.

전략 세우기에 자신 있는 아이를 위한 보드게임

추천상황 **"이건 이렇게 해볼래요!"**

우리 아이는 자신만의 규칙과 방법을 찾아서 실행하는 것을 좋아합니다. 언제나 자신만의 규칙이 있고 자신이 선택하고 결과를 기대길 좋아하죠. 아이의 선택에 대한 이유를 물어보면 언제나 자신만의 이야기를 들려줍니다. 마찬가지로 놀이를 할 때에도 자신만의 논리를 세워 행동하는 경우가 많습니다. 우리 아이의 놀이를 살펴보면 물건을 놓는 장소에도 의미가 있고 행동 하나하나에도 이유가 담겨 있습니다. 생각이 깊은 아이에게는 어떤 보드게임이 어울릴까요?

자신만의 전략을 세우는 것을 좋아하는 아이에게는 규칙이 조금 복잡하고 시간이 걸리더라도 자신의 선택에 따라 다양한 결과를 만들어 낼 수 있는 전략형 보드게임을 추천합니다.

1 그레이트 킹덤 ▶ 추천: 미취학 이상

이세돌 9단이 만든 게임으로 성을 세워 빈 땅을 점령하고 상대방을 견제하며 공격과 방어를 통해 더 넓은 영토를 차지하면 승리하는 게임입니다.

② 스플렌더 ▶추천: 2학년 이상

쉬운 규칙에 비해 치밀한 전략이 있는 게임입니다. 보석을 가져와 가공하고 판매하는 과정에서 카드와 행동을 계산해 가장 효율적 행동을 해야 하는 게임입니다.

③ 루미큐브 ▶추천: 3학년 이상

1980년 독일 올해의 게임상을 수상한 게임으로 숫자 타일을 규칙에 맞게 조합해 가장 먼저 내려놓는 사람이 승리하는 게임입니다.

④ 티켓 투 라이드 ▶추천: 3학년 이상

카드를 뽑고 노선을 연결해 목적지 카드를 완료한다는 간단한 규칙에 따라 북미를 여행하는 게임입니다. 확장판으로 티켓 투 라이드 유럽, 티켓 투 라이드 노르딕 등이 있어 다양한 지도와 규칙도 경험할 수 있어요.

 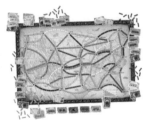

5 카르카손 ▶ 추천: 4학년 이상

타일을 놓아 성을 짓고 길을 이어 점수를 얻는 게임입니다. 타일을 놓는 위치에 따라 얻을 수 있는 점수가 달라집니다. 다양한 확장판이 재미를 더해줍니다.

6 원더풀 월드 ▶ 추천: 5학년 이상

카드를 골라 생산할 건물과 자원으로 활용할 방법을 선택하고 자원을 생산해 건물을 지으며 제국을 발전시켜 나갑니다. 혼자서도 할 수 있고 짧은 시간 건설되는 제국이 멋진 게임입니다.

7 카탄 ▶ 추천: 5학년 이상

땅 위에 도로와 마을, 도시를 건설하고 다른 사람과 자원을 거래하며 마을을 발전시킵니다. 플레이할 때마다 게임판이 바뀌어 다양한 전략을 시도할 수 있는 게임입니다.

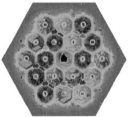

암기에 뛰어난 아이를 위한 보드게임

추천상황 "이건 여기에 있던 게 아니라 저기에 있던 거예요."

우리 아이는 기억력이 좋습니다. 밖에서 본 일도 곧잘 기억해 조잘조잘 이야기해 주기도 하고 엄마가 까먹은 것도 딱딱 기억해 이야기해 주곤 합니다. 차분한 집중력과 관찰력으로 순서가 뒤바뀐 물건도 빠르게 눈치채고 바른 순서대로 정리할 줄 압니다. 이런 아이의 성향을 살릴 수 있는 보드게임으로는 무엇이 있을까요?

무언가에 집중하는 것을 좋아하는 아이, 기억력이 좋고 남다른 관찰력을 가진 아이에게는 메모리 보드게임을 추천합니다. 아이의 실력을 마음껏 뽐낼 기회를 주세요!

1 치킨차차 ▶ 추천: 만 4세 이상

자기 닭 앞에 있는 그림의 타일이 어디에 있는지 찾으세요. 타일을 찾을 때마다 달릴 수 있어요. 모든 닭을 앞질러 꽁지를 빼앗아 보세요!

2 골드 ▶추천: 만5세 이상

카드를 두 장씩 뒤집으며 자기 색깔의 광부가 황금을 최대한 많이 획득하게 하는 게임입니다. 카드를 잘 기억했다가 큰 황금을 차지하거나 다른 사람을 방해해 보세요!

3 마법사의 레시피 ▶추천: 1학년 이상

실험실을 돌며 마법 재료를 수집하는 게임입니다. 직전에 가져온 재료 카드의 숫자만큼 움직입니다. 가져온 재료는 맨 위에 있는 것만 확인할 수 있으니 잘 기억해서 가장 강력한 마법약을 만드세요!

4 마법사와 움직이는 탑 ▶추천: 1학년 이상

이동 카드를 사용해 마법사나 탑을 이동시키는 게임입니다. 자신의 마법사는 까마귀 성으로 보내고 다른 마법사를 탑에 가둬 일류 마법사가 될 사람은 누구일까요?

5 매직 래빗 ▶추천: 2학년 이상

모자 타일과 토끼 타일을 1부터 9까지 차례대로 놓게 만드는 게임입니다. 의사소통 없이 2분 30초 안에 성공할 수 있을까요? 우리의 협동력을 보여 줍시다!

6 당나귀 다리 ▶추천: 3학년 이상

순서대로 카드를 내려놓으며 카드 단어를 포함해 앞사람과 이어지게 이야기를 만듭니다. 모든 이야기가 만들어졌다면 처음 만든 이야기부터 사용된 단어를 맞혀 보세요!

7 치킨치킨 ▶추천: 3학년 이상

카드를 한 장씩 펼치며 등장한 달걀의 수를 잘 기억해야 하는 게임입니다. 달걀을 품어 사라지게 만드는 암탉과 그 암탉을 쫓아내는 여우 사이에 달걀 다섯 개를 기억할 수 있을까요?

혼자서도 즐길 줄 아는 아이를 위한 보드게임

추천상황 **"혼자서도 할 수 있어요."**

우리 아이는 독립적입니다. 다른 친구와도 잘 어울리지만 자신만의 시간을 가질 때 더 안정적인 모습을 보입니다. 또 자기 주도적인 성향이 있어 다른 사람의 도움을 받지 않고 자신의 힘으로 무언가를 해낼 때 기뻐합니다. 도전의식이 강해 눈앞의 목표를 한 단계, 한 단계 해내는 성취감을 잘 느끼기도 합니다. 퍼즐, 큐브처럼 혼자서도 도전적으로 할 수 있는 종류의 놀잇감을 좋아합니다. 우리 아이의 놀이 세계를 더 넓혀 줄 수 있는 보드게임은 없을까요?

외동이거나 혼자서 노는 것을 즐기는 아이들을 위한 1인용 게임이 좋습니다. 부모가 바빠서 놀아주기 힘든 아이들에게 안성맞춤인 보드게임들을 추천합니다.

1 밸런스 빈즈 ▶ 추천: 만5세 이상

시소의 원리를 이용한 과학 게임입니다. 문제 카드를 보고 카드에 그려진 대로 콩들을 시소 위에 올리세요. 시소의 균형을 맞췄다면 성공이에요!

❷ 코잉스 ▶추천: 만 5세 이상

미션 카드 위에 아홉 개의 색깔 블록을 코잉스의 색에 맞게 내려놓아야 합니다. 이때 블록의 구멍 사이로 모든 코잉스가 잘 보인다면 성공!

❸ 그래비트랙스 ▶추천: 1학년 이상

액션 스톤이 목표 지점에 도달할 수 있도록 다양한 부품을 이용해 나만의 트랙을 건설하는 게임입니다. 중력, 가속도, 위치에너지와 같은 과학적 원리도 함께 공부해 봐요.

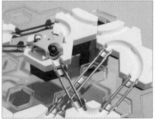

❹ 우봉고 ▶추천: 1학년 이상

빈칸의 모양을 보고 퍼즐 조각을 딱 맞게 채워 넣습니다. 난이도를 카드의 앞면/뒷면으로 조절할 수 있어요. 아이가 우봉고에 익숙해졌다면 더 어려운 3D 버전도 도전해 보세요!

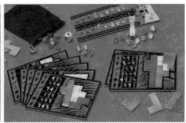

5 러시아워 ▶ 추천 : 1학년 이상

문제 카드에 그려진 대로 자동차들을 배치한 뒤, 빨간색 주인공 차를 출구로 빼내는 것이 게임의 목표입니다. 다양한 버전과 확장팩도 있으니 함께 즐겨 보세요!

6 영리한 여우 ▶ 추천 : 2학년 이상

여섯 가지 색 주사위를 굴린 후 하나씩 골라 점수로 사용합니다. 높은 주사위를 사용하면 높은 점수를 받지만 그만큼 다음 기회는 줄어들어요.

7 아미스 큐브 ▶ 추천 : 3학년 이상

다양한 블록으로 미션 카드를 수행하며 공간지각력을 테스트해 볼 수 있습니다. 초급부터 고급까지 알맞은 난이도를 골라 자신의 한계에 도전해 보세요.

상상력이 풍부한 아이를 위한 보드게임

추천상황 "이건 코끼리예요!"

우리 아이는 상상력이 풍부합니다. 하늘의 구름에서 수십 가지의 물체와 동물을 찾아내기도 하고 책 한 권을 읽고 나면 그 뒷이야기를 몇 개나 떠올리기도 합니다. 작은 단서와 영감만 있어도 막힘없이 나머지 부분을 머릿속에서 만들어 낼 수 있습니다. 주로 자신의 상상력을 마음껏 펼칠 수 있는 소꿉놀이 같은 놀이들을 좋아합니다. 보드게임으로 상상력이 풍부한 아이의 창의력을 발휘할 수 있다면 아이의 놀이 세상이 더 넓어지지 않을까요?

다소 엉뚱하기도 하고 번뜩이는 아이디어를 떠올리는 아이를 위해 서로 다른 것들을 이어 보고 바꿔 보고 설명하며 상상력과 창의력을 기를 수 있는 보드게임들을 소개합니다.

❶ 매크로스코프 ▶추천 : 만 3세 이상
구멍을 살펴보고 전체 그림이 무엇인지 상상하며 관찰력과 집중력을 향상시키는 보드게임입니다.

❷ 그려줘 상상마법사 ▶ 추천: 1학년 이상

주문 카드에 그려진 재료들을 순서대로 그리
면 어떤 형태가 나옵니다. 형태의 정답을 빨
리 맞힌 순서대로 점수를 얻는 게임입니다.

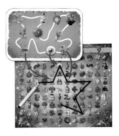

❸ 뭘까요? 포켓몬 ▶ 추천: 2학년 이상

카드를 보지 않고 촉감만으로 어떤 포켓몬인지 맞혀야 합니다. 과연 이 포켓몬은 뭘까요?

❹ 이매진 패밀리 ▶ 추천: 2학년 이상

출제자는 단어 카드에 제시된 단어에 맞춰 투명한 이미지 카드를 겹쳐서 상상하는 형태를
만들어 갑니다. 누군가 정답을 맞히면 정답자와 출제자는 각각 점수를 얻는 게임이에요.

⑤ 코드네임: 픽쳐스 ▶추천: 4학년 이상

서로 다른 그림을 연결하는 비밀 암호를 해석해 우리 요원의 위치를 맞히는 게임입니다.

⑥ 픽처스 ▶추천: 4학년 이상

도구들을 활용해 자신의 비밀 사진을 표현하고 남들이 표현한 사진을 맞히는 게임입니다.

⑦ 콘셉트 ▶추천: 4학년 이상

내가 뽑은 단어를 상대방이 맞힐 수 있도록 게임판에 그려진 이미지로 설명해야 합니다. 말을 하지 않으면서 모양으로 맞춰야 하는 묘미가 있습니다.

추리를 좋아하는 아이를 위한 보드게임

추천상황 **"수수께끼의 정답은…"**

우리 아이는 수수께끼를 좋아합니다. 밖에서 난센스 퀴즈나 수수께끼를 듣고 와서 엄마에게 조잘조잘 이야기해 주거나 친구들이 낸 문제를 깊이 생각해 푸는 것을 좋아합니다. 또 추리소설이나 만화에도 관심이 많아 추리 장르의 책을 곧잘 읽곤 합니다. 누가 무엇을 했는지 고심하며 책을 읽는 아이의 모습에서는 아이 나름대로의 논리력을 엿볼 수가 있습니다. 책보다 한발 앞서 범인을 맞히고 쪼르르 달려와 자랑하는 모습에서 다른 아이들에게서는 볼 수 없는 성취감도 느껴집니다. 이런 우리 아이의 흥미와 관련된 보드게임은 어떤 것이 있을까요?

추리에 흥미가 있고 수수께끼를 푸는 것을 좋아하는 아이를 위한 추리 보드게임입니다. 보드게임을 하면서 추론 능력과 사고력을 기를 수 있습니다. 숫자, 단어, 범인 등을 추리하는 테마를 가진 게임들을 추천합니다.

① 다빈치코드 플러스 ▶ 추천: 1학년 이상

숫자 타일을 가져와 내 앞에 두고 다른 사람의 숫자 타일을 추리합니다. 숫자 타일에서 내가 가진 정보와 밝혀진 정보를 참고해 상대의 숫자를 추리해야 합니다.

② 클루 ▶추천: 1학년 이상

주사위를 던져 저택을 탐험하세요! 누가, 무엇으로, 어디에서 사건을 일으켰는지 자신의 추리를 말하세요. 단서를 얻어서 정보를 좁혀 나가며 추리하는 게임입니다.

8세 이상 | 2인 이상

③ 인사이더 ▶추천: 3학년 이상

내부자가 정답 단어를 미리 알고 있는 상황에서 진행자와의 질문을 통해 정답 단어를 추리해야 하는 게임입니다. 단어를 맞힌 후에는 먼저 정답을 알고 있었던 내부자도 추리해야 합니다!

④ 시티 체이스 ▶추천: 3학년 이상

경찰과 도둑으로 편을 나누고 도둑은 건물 안에 자동차를 숨기며 끝까지 경찰에게 발견되지 않아야 합니다. 경찰은 게임이 끝나기 전에 도둑의 자동차를 발견해야 합니다!

5 셜록13 ▶ 추천: 4학년 이상

여덟 개의 아이콘으로 추리해 숨겨진 범인이 누구인지 찾는 게임입니다. 내가 가진 정보와 질문을 통해 얻은 정보를 종합해 범인이 누군지 먼저 추리해 보세요!

6 캣 크라임 ▶ 추천: 4학년 이상

귀여운 고양이 여섯 마리 중 어떤 고양이가 사고를 쳤는지 찾아내는 게임입니다. 사건 현장의 단서 문장들을 통해 고양이들이 어떻게 배치돼 있었는지 추리해야 합니다.

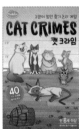

7 아발론 ▶ 추천: 5학년 이상

우리 원정대에 악의 세력이 숨어 있을까요? 원정대를 꾸려 출발하고 투표 결과를 보며 악의 세력을 추리하는 게임입니다.

2장

상황 맞춤형 게임
- 가족과 함께하는 시간

보드게임을 했던 첫 기억을 돌이켜보면 명절 때 할머니 댁에서 며칠간 머물며 했던 부루마불이 떠오릅니다. 친척과 손님이 많아 어른들은 요리할 음식도 많았습니다. 그 덕분에 아이들은 끼리끼리 모여 시간을 보낼 수 있었죠. 부루마불은 식사 시간이 됐거나 친척 어른들께 인사를 드리느라 중단했다가 계속해도 문제가 없었습니다. 더구나 준비 없이 찾아간 할머니 댁 근처에서도 쉽게 구할 수 있는 게임이어서 선택했던 것 같습니다.

두 번째 보드게임은 루미큐브입니다. 자매들이 모두 서울 근교로 취직한 뒤로는 기차로 같이 본가와 자취방을 오가다 보니 가족석을 예매해 게임을 하며 시골로 내려갔습니다. 루미큐브 여행용 버전은 틴케이스에 들어 있어 상자가 상하지도 않고 착착 정리할 수 있을 만큼 적은 부피라 잘 들고 다녔습니다.

학교에서도 다양한 상황에서 보드게임을 합니다. 쉬는 시간용으로 할 만한 게임도 있고 테마틱이나 너도? 나도! 파티처럼 수업시간에 단원의 시작이나 정리에 고정적으로 사용하는 보드게임도 있습니다.

인원에 따라, 상황에 따라 가족끼리 할 수 있는 보드게임은 다양합니다. 캠핑이나 명절에 가족들이 모였을 때, 기차나 비행기로 이동하는 중 등 여러 상황이 있을 수 있습니다. 또한 게임으로 경제 교육을 하고자 할 때, 아이와 방탈출 게임을 체험하고 싶어도 여건이 되지 않을 때, 미술관을 다녀온 뒤 혹은 명화 감상을 좀 더 재미있게 하고 싶을 때처럼 가족과 함께 다양한 경험을 하고 싶은 경우가 있습니다. 이럴 때 보드게임이 해답이 될 수 있습니다.

요즘에는 보드게임이 많이 대중화돼 있어 보드게임 카페에 가서 시간을 보내기도 하고, 처음 만나는 사람들과 친해지는 과정에서 보드게임을 하기도 합니다. 이처럼 다양한 상황에 따라 어떤 게임이 좋을지 고민하는 분들을 위해 몇 가지 상황별 보드게임을 추천하고자 합니다. 절대적 기준은 결코 아니며 계속해서 더 좋은 새로운 게임이 출판되고 있으니 참고만 하길 바랍니다. 이번 주말에 가족과 함께 저희가 추천하는 다양한 게임을 즐겨 보면 어떨까요?

협력의 의미를 깨닫게 해주는 보드게임

승패에 집착하는 아이들을 보면 즐거운 시간을 보내자고 시작한 게임의 결과가 싸움으로 끝나 속상할 때가 있습니다. 보드게임이라고 해서 항상 승자와 패자가 나뉘는 것은 아닙니다. 모두 힘을 합쳐 목적을 달성해야 하는 보드게임도 있습니다. 이런 게임들은 힘을 합치는 상황에 처하기 힘든 요즘의 우리 아이들에게 좋은 기회를 제공합니다. 아래의 보드게임들은 형제나 가족 간에 경쟁보다 팀워크를 다지고 싶을 때, 아이가 아직 어려서 부모나 형제와 함께 플레이해야 할 때 추천합니다. 협업 능력을 기를 수 있을 뿐 아니라 서로 도와주고 지원하는 협력적 분위기를 조성할 수 있답니다.

❶ 레이스 투 더 트레저 ▶ 추천: 만 3세 이상

타일을 뒤집으면 거인 카드 또는 길 카드가 나와요. 거인이 먼저 보물을 차지하기 전에 길 카드를 연결해 보물로 가는 길을 만들어 보세요!

② 여우와 탐정 ▶추천: 만 4세 이상

과연 사라진 파이를 훔쳐간 범인은 누구일까요? 단서 카드를
조합해 용의자 중에서 범인을 찾아보세요!

③ 더 게임 퀵&이지 ▶추천: 2학년 이상

모두 하나의 팀이 되어 50장의 숫자 카드를 규칙에 맞게 전부 내려놓아야 합니다. 하지만
내 카드의 숫자가 무엇인지 말하거나 보여 줄 수는 없답니다.

④ 하나비 ▶추천: 3학년 이상

모두 힘을 합쳐 색깔별로 1부터 5까지의 순서대로 카드를 놓아 높은 점수를 획득하는 것이
목표입니다. 점수별로 평가되는 기술을 살펴보세요.

⑤ 5분 마블 ▶ 추천: 3학년 이상

어벤져스 히어로들이 게임 속으로! 5분 안에 힘을 합쳐 미션 카드를 해결해 타노스를 비롯한 악당들을 물리쳐 봐요!

⑥ 카훗 ▶ 추천: 4학년 이상

제한된 의사소통 속에서 모두 힘을 합쳐 공동의 목표를 달성해 보세요! 모든 목표 카드를 달성하면 게임에서 승리합니다.

⑦ 딥씨 크루 ▶ 추천: 5학년 이상

유명한 협력 게임인 스페이스 크루의 후속작입니다. 모두 함께 힘을 합쳐 각자의 임무를 달성할 수 있게 협동해야 합니다. 깊은 바다에서 제한된 의사소통을 하며 임무를 완수해 보세요.

경제 관념을 키워 주는 보드게임

아이가 돈에 대한 개념을 배우기 시작한다면 어떤 식으로 알려 주면 좋을까요? 시기는 달라도 아이들은 학교에 들어가기 시작하면 용돈을 받아 자신만의 경제 상황을 관리하게 됩니다. 하지만 경제와 관련된 개념들은 수입과 지출의 관리에만 국한되지 않습니다. 보드게임을 활용하면 게임을 하는 동안 만들어지는 가상 환경 속에서 아이가 경제와 관련된 다양한 경험을 즐겁게 받아들일 수 있습니다. 경매, 무역, 협상 등을 통해 돈을 버는 게임들로 물건을 사고팔거나 베팅하면서 생산, 선택, 기회비용, 시장가격의 변화, 경매 시스템 등 경제 개념을 익히고 재미있게 경제를 배울 수 있는 보드게임을 소개합니다.

1 모두의 마블 ▶추천: 1학년 이상

주사위로 자신의 말을 움직여 가며 전 세계에 자신의 도시와 부동산을 건설하는 게임입니다. 계획적인 지출로 효율적인 투자를 해보세요.

2 포세일 ▶추천: 3학년 이상

가치 있는 부동산을 싸게 사서 비싸게 팔아 보세요. 보드게임으로 부동산 경매를 체험할 수 있습니다.

❸ 젬 트레이더 ▶추천: 3학년 이상

네 가지 색의 보석을 종이 지폐로 사고팔면서 변화하는 시장가격에 따라 보석의 가치가 변화할 수 있다는 사실을 깨닫고 이를 활용해 돈을 버는 게임입니다.

❹ 카탄 ▶추천: 4학년 이상

주사위를 굴려 얻은 자원으로 도시를 건설하면서 자원 관리와 거래, 교역에 대해 배울 수 있습니다.

 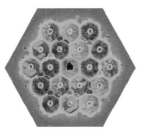

❺ 하이 소사이어티 ▶추천: 4학년 이상

매물 카드에 입찰하거나 패스하며 경매를 진행합니다. 부를 이용해 명성을 쌓아 상류 사회로 들어갈 수 있습니다.

6 보난자 ▶추천: 4학년 이상

여러 종류의 콩 카드를 자신의 밭에 심고 다른 사람과의 교환을 통해 같은 종류의 콩을 여러 장 모아 금화로 바꾸며 부를 축적하는 게임입니다.

7 모던 아트 ▶추천: 5학년 이상

미술품 경매를 주제로 다섯 가지 경매 시스템을 맞볼 수 있는 게임입니다. 시장가격을 조정해 자신이 가진 작품의 가치를 올려 높은 값을 받는 것이 묘미입니다.

예술을 보는 눈을 키워 주는 보드게임

아이와 함께할 수 있는 예술 관련 활동을 떠올려 보면 우선 예술 작품 감상이 떠오릅니다. 물론 감상도 좋은 활동입니다. 하지만 성장기의 아이들은 직접 자신의 손으로 무엇인가를 조작하고 체험해 볼 때 더 많은 것을 배우게 됩니다. 예술적 자극도 받으면서 재미도 함께 잡을 수 있는 보드게임이 있다면 어떨까요? 그림 그리는 것을 좋아하는 아이, 표현력이 남다른 아이, 감수성이 풍부한 아이에게 추천하는 보드게임입니다. 물론 그림을 못 그려도, 표현력이 남다르지 않아도 남녀노소 모두 함께 즐길 수 있답니다!

❶ 미스터리 스케치 ▶추천: 만 5세 이상

그림 카드를 뽑아 투명판 아래에 놓고 내 그림 카드가 무엇인지 추측할 수 있도록 그림을 그립니다. 카드를 빼고 공개해 맞힌 사람이 그림 카드를 받는 게임입니다. 사라진 그림이 무엇인지 맞혀 볼까요?

❷ 가짜 예술가 뉴욕에 가다 ▶추천: 1학년 이상

X 카드를 뽑은 가짜 예술가는 주제를 아는 것처럼 그림을 그려야 합니다. 돌아가며 두 번씩 그리고 나면 예술가들은 가짜 예술가를 지목합니다. 그림과 마피아 게임의 만남을 즐겨 보세요.

예술가는 각자 펜으로 도화지에 한 줄씩 그림을 그립니다.
한번 종이에서 펜을 떼면 다음 사람으로 넘어갑니다.

③ 스테레오 마인드 ▶추천: 1학년 이상

음악을 듣고 모두 같은 단어를 선택하는 것이 게임의 목표입니다. 일시 정지 타일을 잘 활용
하여 만점에 도전해 보세요!

④ 디스크 커버 ▶추천: 1학년 이상

펼쳐진 네 장의 커버 카드 중 제시된 음악과 어울리는 카드를 고
르는 게임입니다. 서로 즐겨 듣는 음악도 공유하고 서로 공감하
는 시간을 가져 보세요!

[협력 모드]

⑤ 사운드 퀴즈쇼 ▶추천: 1학년 이상

주제와 소리를 듣고 누구보다 빠르게 정답을 맞혀 보세요. 다양한 주제와 많은 문제, 연령에
따라 두 가지 모드로 즐길 수 있어요!

⑥ 두들대시 ▶ 추천: 3학년 이상

술래가 외친 숫자의 단어를 그림으로 표현하는 게임입니다. 술래는 먼저 완성한 사람의 그림부터 확인하고 단어를 추측합니다. 스피드와 완성도 중 여러분의 선택은 무엇인가요?

⑦ 뮤제 ▶ 추천: 4학년 이상

미술관장이 되어 직접 자신의 미술관을 큐레이팅하는 게임입니다. 그림을 전시하고 수집하며 높은 점수를 획득해야 합니다. 가장 아름다운 미술관에 도전하세요!

 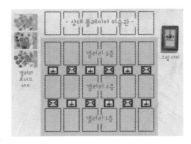

집에서도 즐기는 방탈출 보드게임

아이와 함께하는 시간에 다양한 경험을 해보고 싶다면 아이들과 힘을 합쳐서 문제를 풀어 가는 방탈출은 어떨까요? 직접 방탈출을 하러 가고 싶지만 예약도 힘들고 비용도 만만치 않습니다. 아이의 도전정신을 존중하고 아이에게 협력하는 즐거움을 느끼게 해주고 싶다면 방탈출을 해보는 것을 추천합니다. 방탈출을 집에서 보드게임으로 즐기고 싶을 때 아래 게임들을 플레이 해보세요. 시간 제한을 두고 함께 협력해서 탈출해 보세요!

(주의 : 대부분의 게임은 한 번만 플레이가 가능합니다)

1 흔한남매 방탈출 게임 ▶추천 : 만 5세 이상

누군가가 방 비밀번호를 바꿔 놨습니다! 숨겨 놓은 비밀번호를 찾아야 방에서 탈출할 수 있습니다. 룰렛을 이용해 이동하고 비밀번호를 찾아보세요.

2 키즈 퀘스트 : 쿠키 미션 ▶추천 : 2학년 이상

집에 숨겨진 보물을 찾기 위한 모험을 떠납니다. 봉투의 구성물을 열며 지시에 따라 퍼즐을 풀면서 모험을 즐겨 보세요! 2부로 구성돼 있습니다.

❸ 크루소 해적단 ▶ 추천 : 3학년 이상

해적단의 한 사람이 돼 봅시다! 역할을 맡아
네 권의 게임북 중 한 권을 들고 함께 책을
읽으며 등장하는 퍼즐을 힘을 합쳐 풀어 보
세요. 정답 페이지로 이동하다 보면 보물을
얻을 수 있을 거예요!

❹ 이스케이프 덱:엘도라도의 미스터리 ▶ 추천 : 3학년 이상

전설의 도시 엘도라도를 찾던 중 비행기가 추락해 정글에 떨어집니다. 카드 앞면에 그려진
퍼즐을 풀고 뒷면으로 뒤집어 정답을 맞혔는지 확인하며 전설의 도시로 향해 보세요!

❺ 엑시트 시리즈 ▶ 추천 : 4학년 이상

책 한 권과 카드들 그리고 암호 해독기를 이용해 문제와 퍼즐을 풀고 탈출하는 엑시트 시리
즈입니다. 다양한 시리즈 중에 하나를 골라 플레이하는 재미가 있어요!

⑥ 이스케이프 룸 패밀리 ▶추천: 4학년 이상

봉투에 들어 있는 다양한 구성물과 전자 암호 해독기를 이용해
탈출하는 게임입니다. 총 세 개의 시나리오를 모두 풀었다면
이스케이프 룸 시리즈에도 도전해 보세요!

⑦ 언락 시리즈 ▶추천: 5학년 이상

전용 앱과 보드게임 속 카드를 이용해 문제를 푸는 게임입니다. 앱에서 제공하는 다양한 방
탈출 장치 구현을 체험해 보세요!

기차 안에서도 조용히 즐길 수 있는 보드게임

장거리를 이동하는 동안 아무것도 하지 못한다면 아이들은 아무리 조용히 있어 보려 해도 금세 인내심이 떨어지기 마련입니다. 아이들의 관심을 집중시키려다 보면 스마트폰을 떠올리기 쉽습니다. 하지만 긴 시간 동안 아이들에게 스마트폰을 허락하는 것이 영 내키지 않을 때가 있습니다. 아이들과 즐겁게 시간을 보내면서도 조용히 놀 수 있는 방법은 없을까요? 기차나 비행기처럼 좁은 공간에서 조용히 플레이할 수 있고 비교적 부피가 작아 가지고 다니기 좋은 보드게임들을 추천합니다.

① 큐윅스 ▶ 추천: 1학년 이상

네 개의 색 줄에 있는 숫자에 최대한 많이 X 표시를 해야 합니다. 왼쪽에서 오른쪽으로만 표시할 수 있으며 건너뛴 숫자에는 표시할 수 없습니다. 가장 많은 점수를 얻은 사람이 승리합니다.

② 사자를 잡아랏! ▶ 추천: 1학년 이상

쉽고 간단한 동물 장기 게임입니다. 상대방의 사자를 잡거나 내 사자를 상대방의 영역 끝까지 보내면 승리합니다. 잡은 상대방의 말을 내 말로 사용할 수도 있으니 잘 생각해 보세요.

❸ 미션007 ▶추천: 1학년 이상

카드로 즐기는 3.6.9 게임! 돌아가며 카드를 한 장씩 내고 숫자를 외쳐야 하는데 카드마다 숫자를 외치는 법이 다르니 조심해야 합니다. 스파이, 스마트폰, 총 카드를 잘 살피며 게임을 해보세요.

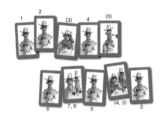

❹ 하나비 ▶추천: 3학년 이상

서로 자신의 카드를 모르는 상태에서 상대방이 주는 힌트로 나의 카드가 무엇인지 알아내 모두 함께 순서대로 불꽃놀이 카드를 내려놓아 점수를 모으는 게임입니다.

❺ 더 게임 ▶추천: 4학년 이상

모두 하나의 팀을 이뤄 98장의 카드를 내려놓는 게임입니다. 두 개는 오름차순, 두 개는 내림차순으로 모든 카드를 내려놓으면 성공입니다.

⑥ 더 마인드 ▶추천: 4학년 이상

소리 없이 진행되는 협력 게임입니다. 모두 하나의 팀을 이뤄 각 레벨마다 모든 카드가 오름 차순이 되도록 놓으면 성공입니다. 절대 말을 하지 않은 채, 총 12레벨에 도전해 보세요.

⑦ 스페이스 크루 ▶추천: 5학년 이상

서로 돌아가며 카드를 한 장씩 낸 다음, 가장 높은 숫자를 낸 사람이 낸 카드를 모두 가져갑니다. 임무마다 다른 과제들이 주어지는데, 모든 과제를 달성해 임무를 성공시켜 보세요.

캠핑 갈 때 가져가면 좋은 휴대용 보드게임

요즘은 여가를 즐길 수 있는 장소가 많아지고 있습니다. 캠핑장도 늘어나고 나들이할 수 있는 장소도 상당합니다. 캠핑과 나들이를 가서도 스마트폰을 보고 오는 것보다는 보드게임처럼 다양한 활동을 하는 것이 어떨까요? 캠핑을 가거나 나들이 갈 때 가볍게 가져갈 수 있는 휴대성이 좋은 게임을 소개합니다. 간단한 도구로 언제 어디서든 즐길 수 있으며 재미는 덤입니다. 복잡한 구성물 없이 부피도 작고 파우치나 틴케이스로 만들어져 있어 게임 구성품의 손상을 걱정하지 않아도 되며 플레이 시간도 짧은 보드게임들입니다.

① 스틱스택 ▶ 추천: 만 5세 이상

주머니 속에서 보지 않고 스틱 하나를 꺼내 같은 색끼리 닿도록 컵에 쌓는 게임입니다. 스틱을 떨어트리면 주워서 손에 잡고 타워가 쓰러지면 벌점을 받는 방식으로 아슬아슬하게 쌓으며 스릴을 즐겨 보세요!

② 푼토 ▶ 추천: 만 5세 이상

돌아가면서 자기 색깔 카드 한 장을 내려놓아 먼저 네 장을 나란히 놓으면 승리! 6×6 격자 안에 놓아야 하며 점의 개수가 많으면 다른 색을 덮을 수 있다는 것을 이용한 사목게임이에요.

❸ 타코 캣 고트 치즈 피자 ▶ 추천: 1학년 이상

타코 캣 고트 치즈 피자를 순서대로 외치며 카드를 펼치다 외친 단어와 같은 그림이 나오면
테이블 가운데 손을 올리면 됩니다. 포켓몬 버전을 비롯해 다양하게 즐길 수 있어요.

❹ 3초 트라이(이튼세트) ▶ 추천: 1학년 이상

두뇌와 행동 두 가지 테마로 제시된 도전 과제를 3초 동안 몇 번이나 할 수
있을까요? 몇 번 할 수 있을지 선언하고 도전 횟수가 많은 사람부터 도전
해 증명하는 게임입니다.

❺ 칩스 ▶ 추천: 2학년 이상

과자 봉지 모양에 담긴 색색의 칩과 카드를 이용하는 게임으로 라운드별로 뽑은 감자칩에
따라 자신의 목표 카드에 맞춰 점수를 받는 게임입니다.

⑥ 잠만보 다이스 ▶ 추천: 3학년 이상

요트 다이스의 잠만보 버전으로 다섯 개의 주사위를 최대 세 번까지 다시 굴린 뒤 점수 시트에 적어 높은 점수를 얻는 게임입니다.

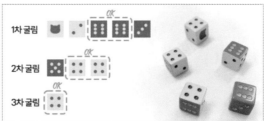

⑦ 러브레터 ▶ 추천: 5학년 이상

자신이 가진 카드의 기능을 활용해 다른 사람들을 탈락시키고 혼자 살아남거나 손에 남은 카드의 랭킹이 가장 높은 이용자가 이기는 게임입니다.

온 가족이 모였을 때 하기 좋은 보드게임

오랜만에 온 가족이 모이면 화기애애한 대화와 식사가 이어지지만 아이들의 흥미는 어른들의 대화를 따라가지 못하는 경우가 많습니다. 이내 싫증이 난 아이들은 혼자 놀거나 스마트폰의 세계에 빠지길 원합니다. 가족과 함께하는 시간의 소중함을 아이들에게 알려 주면서도 아이들의 흥미를 이끌어 낼 수 있는 방법이 없을까요? 명절이나 가족 모임처럼 온 가족이 모였을 때 아이부터 어른까지 다양한 연령층이 함께 즐길 수 있도록 여러 명이 할 수 있는 쉬운 규칙의 파티 게임을 추천합니다!

1 달무티 ▶ 추천: 만 5세 이상

첫 번째로 카드를 낸 사람의 카드 장수에 맞춰서 내 손에 있는 카드를 내면 됩니다. 먼저 손에 있는 카드를 다 내려놓은 사람이 승리하고 다음 라운드의 왕이 됩니다.

2 텀블링 다이스 ▶ 추천: 만 5세 이상

주사위를 굴리거나 쳐내면서 점수를 획득하는 게임입니다. 각자 굴린 주사위의 눈과 주사위가 위치한 구역의 숫자를 곱하여 점수를 얻습니다.

③ 스틱스택 ▶추천: 만 5세 이상

규칙은 단 하나! 막대가 떨어지지 않게 올려놓으세요. 간단한 규칙으로 많은 사람이 할 수 있는 파티 게임입니다. 아슬아슬 스틱을 어디까지 올릴 수 있을까요?

④ 타임즈 업! 패밀리 ▶추천: 1학년 이상

30개의 단어 카드로 스피드 퀴즈를 하는 게임이에요. 말로, 단어로, 몸짓으로 표현하며 왁자지껄 웃음바다를 만들어 보세요!

⑤ 텔레스트레이션 ▶추천: 1학년 이상

단어를 그림으로 표현하고 그림은 어떤 단어인지 알아맞히며 릴레이로 하는 게임이에요. 차례가 진행될수록 점점 변형되는 그림이 묘미랍니다!

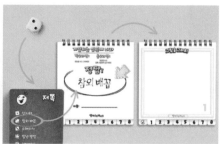

⑥ 너도? 나도! 파티 ▶추천: 1학년 이상

진행자가 불러 주는 단어를 듣고 떠오르는 단어 여섯 개를 씁니다. 남들과 같은 단어를 많이 쓸수록 점수가 올라간답니다.

⑦ 스트림스 ▶추천: 3학년 이상

사람이 몇 명이든 플레이가 가능한 게임입니다! 주머니에서 뽑은 숫자를 오름차순으로 배열해 보세요. 과연 누가 가장 길게 숫자를 연결할 수 있을까요?

보드게임, 현실형 영재교육의
최고 아이템

🎲🎲 영재성을 기르기 위해 왜 보드게임을 활용하는가

영재성은 무엇일까요?

혹시 '우리 아이가 영재가 아닐까?'라는 생각을 해보신 적 있으신가요? 언제 우리 아이가 영재인 것 같다는 생각이 드시나요? 부모라면 대체로 아이가 어떤 활동에 몰입할 때, 어려운 문제를 풀 때, 문제를 빠르게 풀어 낼 때, 부모가 생각지도 못했던 풀이 방법을 생각할 때, 수학이나 과학 도서와 같이 자신이 관심 있는 분야의 도서를 집중해서 읽을 때 아이가 영재는 아닌가 하는 생각이 들 것입니다.

맞습니다. 영재성에는 지금 부모들이 관찰하는 것들이 다 포함돼 있어요. 아이의 영재성을 길러 주려면 먼저 영재성에 대해, 영재 학생들의 특성에 대해 아는 것이 중요합니다. 미국의 영재 교육 대부로 불리는 조지프 렌줄리 코네티컷대학교 석좌교수는 영재성과 세 가지 고리의 개념, 즉 '평균 이상의 지능', '창의성', '과제 집착력'의 상호작용으로 영재 행동이 만들어진다고 했습니다.

보드게임에는 영재성과 관련된 개념들이 모두 담겨 있습니다. 이를 통해 높은 수준의 인지적 목표를 이룰 수 있고, 다양한 해결 방안을 창의적으로 생각하는 연습을 하며, 승리하기 위해 전략을 연구하고 인내하며 게임에 흥미를 가지고 몰입하는 과정을 통해 과제 집착력을 기를 수 있습니다.

🎲 공부를 잘하면 영재인가요?

다양한 학자들이 영재의 특성에 대해 연구한 결과, 지적 영재는 공통된 특성을 갖고 있다고 합니다. 우선 평균 학습자보다 학습 속도가 빠르고 복잡하고 추상적인 개념을 쉽게 이해한다는 특성이 있습니다. 지적 영재는 새로운 내용을 접할 때 이해도가 높고 많은 과업도 빠른 속도로 해결하는 경우가 많습니다. 또한 동일 연령 학습자에 비해 기초 능력이 높습니다. 고차원적 사고력, 정보처리 능력, 문제해결력 등을 능숙하게 발휘합니다. 언어 능력도 뛰어나 자신이 알고 있는 것을 이해하고 표현하는 능력도 훌륭합니다. 자신이 관심을 갖는 분야나 학업에 집중하거나 몰입하는 태도도 탁월합니다.*

그럼 영재들은 모두 학교에서 공부를 잘하는 모범생들일까요? 엄밀히 말해 모두 그런 것은 아닙니다. 공부를 잘하는 아이들 중에서도 정보를 흡수하는 데 능한 아이가 있고, 정보를 처리하는 데 능한 아이가 있습니다. 그중 영재는 후자에 더 가깝습니다. 보드게임이라는 놀이의 특성이 바로 영재의 정보처리 능력과 유사한 점이 있습니다. 보드게임을 하면서 계속적인 정보처리 과정을 경험함으로써 아이들은 기본 수업에서 기르기 어려운 정보처리 능력을 기반으로 하는 문제해결력을 기를 수 있습니다.

아이들과 보드게임을 함께하다 보면 학교에서 주로 칭찬을 받는 학생들이나 시험에서 100점을 맞는 학생들, 즉 열심히 노력하고 조용히 앉아 있고 수행평가를 잘 받고 훌륭한 결과를 내는 학생들이라고 해서 모든 게임에서 이

---

* 출처: Reis & Small (2005). Characteristics of diverse gifted and talented learners. In Karnes and Beanes(Eds.), Methods and materials for teaching the gifted (2nd ed.) Wack, TX: Prufrock Press

해도도 높고 잘하지는 않았습니다. 이런 아이들 중에는 선생님과 어른들에게 좋은 평가를 받고 완벽한 선택을 해야 한다는 생각에 게임의 과정에는 집중하지 못하고 게임 속에서도 정답을 찾기 위해 교사에게 정답을 물어보는 경우가 많습니다.

반면 영재로 불리는 아이들과 게임을 하면 선생님이 답을 알려 주려고 해도 스스로 생각해 보겠다고 하거나 답을 알려 주더라도 자신만의 방법을 시도해 보겠다고 하는 경우가 많습니다. 영재 아이들은 게임에서 이기려고 노력하는 것과 별개로 한 게임에 여러 번 도전해 자신의 힘을 키워 나가는 데 집중하는 경우가 많습니다.

좋은 평가와 결과에만 연연하는 학생들은 공부 자체에 즐거움을 느끼지 못하고 다음 단계로 도전하기를 주저하고 맙니다. 이런 학생들에게는 성취와 도전의 즐거움을 알려 줘야 합니다. 보드게임을 하다 보면 처음에는 이기는 것만 중요하게 여기던 학생들이 자연스럽게 자신만의 해답을 찾기 위해 자기 주도적으로 게임 활동에 참여하는 모습을 보이곤 합니다. 자신의 결과에 대한 평가만 중요하게 생각하던 학생들도 게임을 하면서 점점 더 과정을 즐기고 다시 도전해 이뤄 내는 성취가 주는 희열을 느끼게 됩니다.

주변을 보면 아이가 공부는 뒷전인 데다 자신이 좋아하는 것만 하려 들고 부모 말을 듣지 않아 걱정인 부모가 많습니다. 지금 당장은 아이가 가정과 학교에서 말도 잘 안 듣고 시험에서 100점을 받지 못해도 옆에서 부모가 지적, 정서적 성장을 이끌어 주기 위해 함께해 준다면 아이 스스로 도전하고 무언가를 이뤄 내는 자기 주도적인 성향으로 거듭날 수 있습니다.

🎲 우리나라의 영재 교육

우리나라 영재 교육은 각 시도 및 대학에서 만들어 운영 중인 영재교육원을 통해 이뤄지고 있습니다. 주로 개인의 타고난 잠재력 계발을 통한 자아실현, 국가와 사회의 발전에 이바지하는 인재 양성이 주 목적입니다. 영재교육진흥법에서는 영재를 재능이 뛰어난 사람으로서, 타고난 잠재력을 계발하기 위해 특별한 교육이 필요한 사람으로 정의하고 있습니다. 그리고 이러한 영재들을 대상으로 각 개인의 능력과 소질에 맞는 내용과 방법으로 실시하는 교육을 영재 교육이라고 부릅니다.

2023년 기준으로 영재 교육 대상자 수는 7만 627명으로 전국 초중등 학생 수인 520만 9,029명 중 1.36퍼센트를 차지합니다.** 영재 교육 기관으로는 과학영재학교와 과학고가 28개, 교육청 영재교육원이 250여 개, 대학부설 영재교육원이 90여 개가 있고, 학교에서 자체적으로 추진하는 영재 학급 1천여 개까지 총 1,400여 개가 있습니다.

영재 교육 기관에서 가르치는 분야는 수학, 과학, 수·과학, 정보과학, 인문사회, 외국어, 발명, 음악, 미술, 체육, 융합 등으로 구성돼 있습니다. 수·과학과 수학, 과학이 60퍼센트의 비율을 차지하고 있어 일반적으로 영재 교육이라고 하면 해당 분야를 떠올리는 사람들이 많습니다.

교육지원청 영재 관리 교사로 일하다 보면 영재교육원에서 주로 어떤 공부를 하는지 궁금해합니다. 또 영재교육원 준비를 어떻게 해야 하는지에 대

** 출처: https://ged.kedi.re.kr/stss/main.do 영재 교육 기본 현황

한 문의가 많고 이미 재원 중인 학부모들도 다음 해에 어떻게 지원해야 하는지 등을 많이 묻습니다. 대부분 수학과 과학에 관심이 있는 학생의 학부모들입니다.

현재로선 영재교육원에서 강의를 하거나 선발 업무를 담당해 본 교사들도 해당 분야에 특수성을 보이는 아이들의 학부모들에게 영재교육원 시험을 권합니다. 교육청 영재교육원의 경우 무상으로 운영되고 있고, 자신과 관심사가 같은 친구들과 함께 공부를 하며 학교에서 배우기 어려운 활동이나 실험을 할 수 있기에 해당 분야에 관심이 있는 학생들에게는 좋은 기회가 될 수 있습니다.

🎲 보드게임을 활용해 어떻게 영재성을 기를 수 있을까요?

모든 아이가 영재 교육을 받을 수 있다면 좋을 것입니다. 하지만 아이의 영재성을 기를 수 있는 도구를 주변에서도 충분히 찾을 수 있습니다. 영재 교육을 받지 않아도 영재성을 기를 수 있다는 점에서 보드게임은 활용할 만한 가치가 있다고 생각합니다. 과연 보드게임으로 아이의 영재성을 어떻게 기를 수 있을까요?

조지아대학교의 마리 프레이저 박사와 연구진은 영재성의 10대 핵심 속성으로 동기, 흥미와 관심, 의사소통 능력, 문제해결력, 상상력과 창의력, 기억력, 탐구심, 통찰력, 추론, 유머를 제시했습니다. 앞서 소개한 영재성과 관련된 세 가지 고리의 개념인 평균 이상의 지능, 창의성, 과제 집착력과도 일

맥상통한 부분입니다.

먼저 배우고자 하는 의지와 관련된 동기입니다. 학생들이 수업에 흥미를 가지게 하려면 동기를 유발해야 합니다. 이때 보드게임은 수업에 흥미를 느끼고 몰입하게 만드는 꽤 좋은 수단입니다. 흥미와 관심도 영재성의 핵심 속성 중 하나입니다. 학생 스스로 가치를 느끼는 활동과 대상 그리고 과업에 대한 특별한 관심과 수행 의지를 자극하는 보드게임 있다면 학생들은 해당 교과에 흥미와 관심을 일으킬 수 있습니다.

보드게임은 의사소통 능력을 기를 수 있습니다. 게임 활동은 기본적으로 단어, 그림, 상징 등을 효과적으로 활용해 사람들과 상호작용하고 의사소통하는 능력을 기반으로 이뤄집니다. 그중에서도 특별히 의사소통 능력과 관련 있는 게임들이 있습니다. 콘셉트라는 보드게임은 카테고리, 색, 움직임, 모양 등의 다양한 요소를 이용해 말하지 않고 단어를 설명하는 게임입니다. 이 게임을 하면서 학생들은 제시된 정보와 대상의 속성을 연계하는 과정을 반복합니다. 저스트 원이라는 게임 또한 술래가 문제를 맞힐 수 있게 해당 단어와 관련된 단을 적절히 찾아 표현해야 합니다. 이 외에도 표현과 소통과 관련된 다양한 게임을 통해 의사소통 능력을 기를 수 있습니다.

많은 아이디어와 독창적인 아이디어를 생성해 내는 능력인 상상력과 창의성도 게임을 활용한 연습을 통해 기를 수 있습니다. 보드게임의 경우 규칙이

라는 안내와 목적을 통한 상상과 창의 활동을 기반으로 하므로 공상과는 다른 실질적 의미를 가집니다. 스토리 큐브와 같이 이야기를 만들어 가는 게임, 딕싯처럼 그림을 보고 생각나는 것을 이야기하는 게임, 탐정들 추리 클럽처럼 그림 카드로 특정 단어를 꿈처럼 설명하는 게임 등의 보드게임을 통해 아이들의 상상력과 창의력을 자극할 수 있습니다. 또한 보드게임을 실제로 만들어 보는 활동을 통해 학생들의 창의성을 신장시킬 수 있습니다.

유머는 영재성의 속성이자 사회 활동을 위해 필요한 능력이기도 합니다. 다양한 상황에서 핵심 아이디어나 내용을 재치 있게 종합해 시기와 대상에 맞게 말과 행동을 하는 능력이 있다면 교우 관계는 물론, 사회생활을 할 때에도 큰 무기가 됩니다. 재치 있는 말과 행동이 중요한 게임도 많이 있습니다. 앞서 설명한 의사소통과 상상력, 창의성과 관련된 게임도 유머 감각을 기르는 데 도움이 될 수 있습니다. '방금 떠올린 프로포즈를 너에게 바칠게'와 같은 게임을 하면서 서로 이어지지 않는 단어의 조합으로 문장을 만드는 과정에서 생각해 보지 못한 단어로 문장을 만들며 유머 감각을 기를 수 있습니다. 이러한 상황에 자주 노출되며 재미있는 말에 대해 학습할 수 있습니다.

기억력도 지능과 영재성에서 중요한 요소입니다. 정보를 흡수하고 인출하기 위해서는 기억력이 좋아야 합니다. 메모리라는 메커니즘이 있을 정도로 기억력은 보드게임에서 많이 사용됩니다. 제가 가르쳤던 아이 중에서 수학 시험을 보면 평균 이하인데 치킨차차라는 그림 기억력 보드게임을 하면 누구보다 잘했던 아이가 있습니다. 학부모 상담을 할 때 이미지 기억력이 좋으니 공부할 때 이미지를 활용해 보라고 말씀을 드리기도 했습니다. 이처럼 보드게임을 하다 보면 학부모도 몰랐던 아이의 장점을 알 수 있습니다.

수학 교과 역량 중에 추론 역량이라는 것도 있습니다. 추론은 문제를 해결하기 위해 논리적으로 접근하는 과정을 의미합니다. 보드게임 중에서는 추론과 관련된 게임들이 많이 있습니다. 클루, 셜록13, 13클루와 같이 소거법을 활용한 논리적 추론을 해야 하는 게임들을 비롯해 마치 사건 해결을 하는 탐정이나 경찰 또는 용의자가 되어 역할 놀이를 하며 추리를 해나가는 게임들도 있습니다. 추론은 연습을 통해 기를 수 있

는 역량으로 추론 보드게임들은 수학 교과와도 밀접한 연관이 있습니다.

통찰력과 탐구심은 하나의 게임을 파는 학생들이 기를 수 있습니다. 보드게임을 하다 보면 처음부터 잘하는 아이가 있고 노력을 통해 성장하는 아이가 있습니다. 꾸준한 성장이 아니라 계단식으로 비약적 도약을 하는 경우도 있습니다. 한 학생이 어떤 분야에서 도약을 이뤘다면 통찰을 한 것입니다. 또 보드게임을 하다 보면 특정 게임에 대한 과제 집착력을 발휘해 전략을 짜고 이기기 위해 자신이 해야 할 행동에 대해 스스로 질문하며 탐색하는 탐구심을 발휘하는 아이들도 있습니다. 게임에 대한 깊이 있는 탐구는 통찰력을 기르는 계기가 됩니다. 그리고 이런 통찰은 학생들에게 지적 희열을 가져다줍니다. 보드게임을 통한 탐구와 통찰의 경험들은 학생들이 다른 교과나 상황에서도

노력을 통한 성취로 이어지고 학습에 긍정적 영향을 미칠 수 있습니다.

제가 가르쳤던 학생 중에 과제 수행도는 매우 낮고 실수가 잦아 영재로 따지자면 정의적 영역이 부족한 학생이 있었습니다. 그 학생은 다른 선생님들께도 부적절한 행동에 대한 지적을 많이 받아 왔습니다. 그런데 5학년 때 저와 만나 보드게임을 하다 보니 게임에 대한 이해도가 높다는 것을 알게 됐습니다. 또 상담을 통해 과제 집착력이 매우 뛰어나다는 것을 알게 됐습니다.

학생의 영재적 특성을 발견한 뒤로는 선행도 좋지만 스스로 하고 싶은 것을 깊게 탐구할 수 있는 활동을 해보라고 권유했습니다. 나중에 들어보니 초등학교 때 놓쳤던 영재교육원 공부를 중학교 때부터 시작하게 됐고 민족사관고등학교에까지 진학했다고 합니다. 자신이 깊게 탐구할 수 있는 한 분야를 찾는 것은 쉽지 않습니다. 어린 학생의 경우 보드게임과 같은 활동을 통해 탐구하는 연습을 기르고 자신만의 특성을 내면화해 훗날 자신이 관심 있는 분야를 만났을 때 깊게 탐구할 수 있는 역량을 길러 나가는 것이 중요합니다.

마지막으로 문제해결력은 보드게임을 통해 기를 수 있는 가장 대표적인 능력입니다. 보드게임은 실생활과 유사한 상황을 리스크 없이 반복적으로 연습할 수 있다는 특성이 있습니다. 주식 투자, 문명의 발전, 회사의 창업, 도시 건설, 화성 테라포밍 등 다양한 주제도 경험할 수 있습니다. 특히 한정된 자원으로 최대한의 목표를 달성하기 위해 장기적 목표와 단기적 목표를 스스로 설정하고 다양한 상황에서 자신의 계획을 융통성 있게 적용하며 실제적이고 종합적인 문제해결

과정을 경험할 수 있습니다. 이러한 과제 수행과 완성을 통해 학생들은 성공을 경험할 수 있습니다. 만약 자신의 계획대로 실행되지 않았더라도 자발적으로 수정하고 다음 게임에 적용함으로써 학생들의 역량을 길러 나갈 수 있습니다.

지금까지 영재성이란 무엇이며 영재성을 기르기 위해 보드게임을 어떻게 활용할 수 있는지를 알아봤습니다. 영재의 핵심 속성을 기르기 위한 목적으로 영재교육원에서도 여러 가지 보드게임을 활용해 수업을 진행하곤 합니다. 다음 장에서는 영재교육원에서 보드게임이 실제로 활용되는 예를 알아보겠습니다.

🎲 영재 수업에서 보드게임을 어떻게 활용하나요?

영재교육원에서 어떤 수업이 이뤄질까요? 영재교육원은 수학, 과학, 정보, 수·과학 융합, STEAM, 발명 등 다양한 분야로 운영되고 있습니다. 영재 수업은 기존 강의식 수업이 아닌 각 분야의 성격에 맞는 탐구와 활동 위주로 이뤄집니다. 이때 학생들의 흥미와 몰입을 높이고 배운 내용을 적용하기 위해 여러 가지 보드게임도 사용됩니다.

우선 이론이나 원리를 배운 후 그와 관련 있는 보드게임을 합니다. 학생들은 자신이 배운 내용을 잘 알아야 게임을 할 수 있습니다. 게임에서 이기려면 자연스럽게 다양한 생각을 하게 됩니다. 이를 통해 발산적 사고를 확장시킬 수 있습니다. 교사는 학생들이 게임에 참여하는 모습을 보고 오늘 배운 학습 내용을 잘 이해했는지를 확인할 수 있습니다.

협력적 문제해결력을 기르거나 특정 역량을 신장시키기 위한 목적으로도 보드게임을 합니다. 영재교육원에서는 해당 교과 내용에 대한 심화 외에도 인성 교육, 진로 교육도 포함해 수업을 진행합니다. 협력적 문제해결력은 둘 이상의 주체가 해결책을 찾는 데 필요한 이해와 노력을 공유하고 해결책에 도달하기 위한 지식, 기능, 노력을 모아 문제해결을 시도하는 과정에 효과적으로 참여할 수 있는 개인의 역량입니다.*** 학생들이 가지고 있는 배경 지식과 창의성을 동원해 게임 속 문제를 해결해 나가는 게임 활동을 통해 협력적 문제해결력을 기를 수 있습니다.

영재 수업의 꽃인 산출물 발표회에서도 보드게임을 많이 활용합니다. 학생들이 제출하는 산출물 중에는 그동안 배웠던 내용을 바탕으로 퍼즐, 보드게임을 스스로 개발한 것들도 많습니다. 기존의 게임 방법을 변형하고 조합해 자신만의 게임을 만들어 해당 학습 내용을 쉽고 재미있게 배울 수 있는 게임을 만들며 학생들의 창의성은 더욱 신장될 수 있습니다.

보드게임을 실제 수업에서 어떻게 활용하는지 우봉고 보드게임을 예로 들어 보겠습니다. 먼저 학생들과 함께 우봉고 모양 조각을 살펴보고 관찰한 내용을 이야기해 봅니다. 그리고 정사각형이 최소한 한 개의 변을 서로 공유해 만들어진 다각형을 말하는 폴리오미노를 알아봅니다.

*** OECD, 2017:47

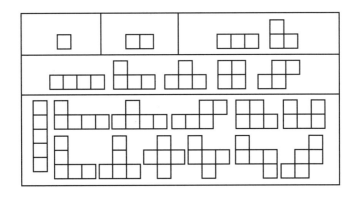

순서	이름	정의	종류
1	**모노미노**	정사각형 1개로 이뤄진 도형 (폴리오미노에 속하지는 않음)	1가지
2	**도미노**	정사각형 2개로 이뤄진 도형	1가지
3	**트로미노**	정사각형 3개로 이뤄진 도형	2가지
4	**테트로미노**	정사각형 4개로 이뤄진 도형	5가지
5	**펜토미노**	정사각형 5개로 이뤄진 도형	12가지
6	**헥소미노**	정사각형 6개로 이뤄진 도형	35가지
7	**헵토미노**	정사각형 7개로 이뤄진 도형	108가지
8	**악토미노**	정사각형 8개로 이뤄진 도형	369가지
9	**노노미노**	정사각형 9개로 이뤄진 도형	1,285가지
10	**테코미노**	정사각형 10개로 이뤄진 도형	4,655가지
11	**운데코미노**	정사각형 11개로 이뤄진 도형	17,073가지
12	**도데코미노**	정사각형 12개로 이뤄진 도형	63,600가지

▶ 각 단어에서 접미사 -omino 앞에 붙는 것들은 각각 1,2,3,4…를 뜻하는 그리스어 어근이다.

폴리오미노의 이름을 알려주고 정사각형 한 개, 두 개, 세 개, 네 개, 다섯 개로 이뤄진 폴리오미노를 학생들이 스스로 만들어 보고 종류가 몇 개인지 알아봅니다. 이때 돌리거나 뒤집어서 같은 모양인 조각은 하나로 보기 때문에 평면도형의 이동과도 연결할 수 있습니다. 실제로 도형의 옮기기, 돌리기, 뒤집기 후의 모양을 살펴보고 도형 세 개로 채우기, 네 개로 채우기 등의 예시 문제를 풀어 봅니다. 그리고 우봉고 보드게임을 플레이해 봅니다. 보드게임을 하면서 나만의 승리 전략과 퍼즐을 잘 맞출 수 있는 방법에 대해 이야기를 나눠 보고 자신이 만드는 우봉고 게임으로 퍼즐 문제를 낸 후 친구와 교환해 풀어 볼 수 있습니다. 또는 블록 수를 더 늘려 폴리오미노 조각을 활용해 다양한 모양을 만들어 보고 이름을 붙이는 활동도 할 수 있습니다.

이런 보드게임 활용 수업을 하면서 폴리오미노라는 수학적 지식을 알 수 있고 학습 내용을 탐구하고 보드게임을 하며 공간지각력을 기를 수 있습니다. 게임을 잘하기 위해 자신의 전략을 세우고 나만의 퍼즐판을 만들어 보거나 나만의 작품을 만들어 보는 과정에서 창의성 또한 기를 수 있습니다. 이처럼 보드게임 속에는 다양한 수학적 원리가 포함돼 있습니다. 이 책의 공부머리 보드게임에 소개된 게임 중에서도 수학 교과와 관련 있는 게임이나 영재 수업에서도 활용되는 게임들이 많습니다.

다양한 보드게임을 접하고 영재 수업을 듣는다면 학생들 자신이 알고 있는 게임이기 때문에 수업에 더욱 흥미가 생기고 수업에도 자신감 있게 참여할 수 있을 것입니다. 영재 수업이 아닌 가정에서 보드게임을 할 때에도 학습 내용과 연계해 활용할 경우 더 큰 교육 효과를 얻을 수 있습니다. 그럼 각 분야에서 사용되는 보드게임들은 어떤 것들이 있을지 알아보겠습니다.

수학, 융합 분야에서의 보드게임

수학 분야는 보드게임을 가장 많이 활용하는 분야입니다. 기본적으로 수학 교과의 내용을 바탕으로 만들어진 보드게임이 많고 수학 교과 역량을 신장시키는 요소가 담긴 보드게임도 많기 때문입니다.

2022년에 개정된 교육과정의 초등 수학과 영역은 수와 연산, 변화와 관계, 도형과 측정, 자료와 가능성 영역으로 이뤄져 있습니다. 영재 수업에서는 주제에 따라 한 영역의 내용만 다룰 수도 있고 여러 영역을 함께 다룰 수도 있습니다. 수학 분야 영재 수업에서도 많이 사용되는 보드게임에 어떤 것이 있는지 알아보겠습니다.

1. 수와 연산

수와 연산 영역 중 혼합 계산, 특별한 연산법을 지도할 때에는 파라오코드라는 보드게임을 활용할 수 있습니다(242~243쪽 참조). 세 개의 주사위를 굴려 나온 세 수를 이용해 연산식을 만들어 높은 점수의 타일을 가져오는 게임입니다. 게임에 참여하면 혼합 계산식을 세우고 바르게 계산해야 하는 수학적 능력뿐만 아니라 더 높은 점수 타일을 가져오기 위해 계속 다양한 식을 머릿속으로 세우게 됩니다. 일반 학생들보다 영재교육원에 다니는 학생들 사이에서 훨씬 뜨거운 보드게임입니다.

2. 도형과 측정

도형과 측정 영역 중 평면도형의 이동과 관련된 학습을 할 때에는 우봉고를, 입체공간 감각을 기르는 활동을 할 때에는 우봉고 3D , 아미스 큐브와 같은 게임을 활용할 수 있습니다(245, 277쪽 참조). 주로 퍼즐판에 평면 타일, 또는 입체 블록을 규칙에 맞게 맞추는 게임입니다. 이 게임을 통해 공간지각력과 입체 도형에 대한 감각을 기를 수 있습니다. 프로젝트 L은 퍼즐을 완성하기 위해 블록을 얻어야 하고 도형의 회전, 뒤집기를 통해 퍼즐을 완성해야 하는 게임입니다(244~245쪽 참조). 블록을 가져오고 업그레이드하는 과정에서 공간지각력뿐만 아니라 목표 달성을 위한 전략적 사고력도 기를 수 있습니다.

3. 변화와 관계

변화와 관계는 분류, 속성과 관련된 보드게임을 활용합니다. 1991년 멘사 셀렉트에 선정된 보드게임인 세트가 대표적입니다(116~117쪽 참조). 모양, 색깔, 개수, 음영의 네 가지 속성이 세 종류씩 있는 카드 81장으로 이뤄진 게임이며 카드 장수부터 수학적으로 탐구할 수 있습니다. 모양, 색깔, 개수, 음영이 모두 같거나 모두 다른 세 장의 카드를 찾는 게임으로 각종 두뇌 서바이벌 게임에서 변형해 소개된 적이 있습니다. 규칙, 대응을 소재로 한 수업에서 쓸 수 있습니다.

4. 자료와 가능성

자료와 가능성 영역 중 가능성에 초점을 맞추면 주사위의 확률과 카드의 확률을 이용한 게임들을 활용할 수 있습니다. 다음 행동을 하기 위해 확률을 계산해 자신의 행동을 선택하는 게임들이 포함됩니다. 꼬꼬미노는 주사위 여덟 개를 굴리고 원하는 주사위만 남긴 후 나머지 주사위를 다시 굴려 자기가 가진 값을 높여 나가는 게임입니다. 이때 자신이 주사위를 더 던질지 말지를 확률에 기반해 선택할 수 있습니다.

5. 사고력, 의사소통, 문제해결, 의사결정, 협동

영재 인성 교육·협력적 문제해결력 신장처럼 특정 교과 내용과의 긴밀한 연결보다 학생의 생각하는 힘을 길러 주기 위한 수업을 할 때에도 보드게임을 활용합니다. 관심 분야에 대한 전문성과 열정을 기르고 집단 내에서 효과적으로 활동할 수 있는 의사소통 능력과 창의적 문제해결력, 의사결정 능력 등을 기르고 협동심, 갈등해결 등의 덕목을 함양하기 위한 수업에 보드게임은 좋은 도구가 될 수 있다. 이런 목표를 가진 경우 협력 게임과 방탈출과 같은 보드게임을 수업에 활용하게 됩니다.

팀3라는 게임은 한 명은 말을 하지 않고 몸으로 블록 모양을 설명하고, 다른 한 명은 설명을 보고 말로만 설명을 하며 마지막 한 명은 눈을 가린 채 블록을 찾아 모양을 완성하는 게임입니다. 모두의 협력이 있어야 문제를 해결할 수 있습니다. 따라서 도형의 모양과 위치를 설명할 때 수학적 용어를 사용해야 하고 모두의 힘을 합쳐야 문제를 해결할 수 있으므로 협력의 중요성도 깨달을 수 있습니다.

대부분의 방탈출 보드게임은 문제와 퍼즐을 풀고 탈출해야 합니다. 엑시트, 이스케이프 덱, 이스케이프 룸, 언락과 같은 게임 안에는 도형, 연산, 규칙과 관련된 퍼즐이 많이 포함돼 있습니다. 게임을 하는 과정에서 서로의 아이디어를 나누고 친구의 아이디어에 감탄하기도 하고 협력하면서 문제를 해 나갈 수 있습니다. 그리고 그 과정이 어렵기는 해도 함께하면 더 빠르고 정확하게 목표를 달성할 수 있다는 것을 경험할 수 있습니다.

과학/발명 교육에서의 보드게임

과학/발명 수업에서는 주로 일종의 게이미피케이션을 통해 학생들에게 재미와 보상을 제공하는 방식으로 보드게임을 활용합니다. 과학 분야에서 보드게임을 사용하는 목적은 다음과 같습니다.

첫째, 과학적 사고력 향상입니다. 보드게임은 학생들이 과학적 사고를 훈련할 수 있는 기회를 제공합니다. 게임 내의 문제해결 과정을 통해 논리적 사고와 비판적 사고를 키울 수 있습니다.

둘째, 창의력 증진입니다. 보드게임에는 다양한 아이디어가 모여 있어 학생들이 새로운 아이디어를 창출하고 문제해결을 위한 창의력을 높이는 과정을 돕습니다.

셋째, 협력과 의사소통 기술을 키울 수 있습니다. 다인용 보드게임은 학생들이 협력하고 의사소통하는 방법을 배울 수 있는 좋은 기회를 제공합니다. 팀워크와 협력의 중요성을 체험할 수 있습니다.

넷째, 실제 과학 원리 적용입니다. 많은 보드게임이 실제 과학 원리나 발명 과정을 반영하고 있어, 이론과 실습을 연결하는 데 도움이 됩니다.

이런 목적과 기준에 따라 과학 분야에서 활용하는 영역별 보드게임으로는 다음과 같은 게임이 있습니다. 다만, 다소 수준이 있는 게임들은 중학교 과학 영재 수업에서 활용하는 경우가 많습니다.

1. 물리 영역

그래비트랙스는 다양한 도구들을 활용해 트랙을 구성하고 공을 굴리는 창의적이고 교육적인 보드게임입니다. 게임 참여자는 트랙을 설계하고 공이 도착점까지 이동할 수 있도록 중력, 자석, 가속 장치를 활용합니다. 이 과정에서 물리학적 원리를 학습하며 논리적 사고와 문제해결 능력을 키울 수 있습니다. 골드버그 장치 수업과 관련해 활용하기도 합니다. 또 서킷 메이즈는 다양한 전기 회로를 설계해 보는 게임입니다. 배터리, LED, 와이어 등을 사용해 회로를 완성하고 불을 켜는 과제를 수행하는 과정에서 논리적 사고와 전기 회로의 기본 원리를 학습할 수 있습니다.

2. 생물 영역

BBC EARTH 신비한 동물 세계는 다큐멘터리와 퀴즈가 결합된 보드게임입니다. 지구에서 살아가는 동물들의 세부적인 정보들을 생각해 보며 상식을 키워 나갈 수 있습

니다. 사이토시스는 우리 몸에서 세포의 활동을 주제로 그려 낸 보드게임입니다. 몸 안에서 살아가는 데 필요한 물질을 만들어 내는 과정을 일꾼 놓기의 방법으로 배울 수 있습니다. 초등 교과에서는 다소 어려운 개념이지만 게임을 통해 물질이 만들어지는 과정을 간접 체험하고 이를 정리하기에 좋습니다.

3. 지구과학 영역

플래닛은 각 플레이어가 행성 조각들을 선택해 자신만의 행성을 구성하는 게임입니다. 각 행성 조각에는 다양한 지형과 자원이 있어 전략적으로 배치해 점수를 얻을 수 있습니다. 플레이어들은 자신의 행성을 최대한 다양하고 효율적으로 조합해 승리를 경쟁합니다. 지구의 다양한 환경을 가르치기에 좋습니다.

테라포밍 마스는 화성을 인류가 살 수 있는 행성으로 변형하는 시뮬레이션 보드게임입니다. 플레이어들은 자원 관리, 지형 변화, 기후 조절 등을 통해 환경을 개선하며 점수를 얻습니다. 전략적 자원 관리와 행성 공간 활용이 중요한 게임이며 생물과 지구과학을 통합해 몰입하기 좋은 게임입니다.

4. 발명 수업

발명 수업에서 제일 기초는 발명 기법을 배우는 것입니다. 그중에서도 스캠퍼(SCAMPER)라는 기법이 대표적입니다. 스캠퍼 기법은 창의적 사고와 문제해결을 촉진하기 위
한 도구로, 일곱 가지 질문을 통해 새로운 아이디어를 창출하는 방법입니다. 일곱 가지 단계에 해당하는 머리글자의 조합인 스캠퍼는 각각 대체하기(Substitute), 결합하기(Combine), 응용하기(Adapt), 수정하기(Modify), 다른 용도로 사용하기(Put to another use), 제어하기(Eliminate), 역발상하기(Reverse) 단계로 이뤄져 있습니다.

- 대체하기(Substitute)

재료, 요소, 사람 등을 대체해 새로운 아이디어를 생각해 봅니다. 보드게임에서는 기존 구성품을 다른 재료로 대체하는 식입니다. 예를 들어 종이 카드 대신 플라스틱 카드로 대체하거나 실물 실험 도구를 보드게임의 구성품으로 사용해 봅니다.

- 결합하기(Combine)

두 가지 이상의 아이디어나 요소를 결합해 새로운 결과를 만들어 냅니다. 과학 수업에서 다루는 특정 실험을 보드게임과 결합하는 방식입니다. 예를 들어 화학 실험을 주제로 한 보드게임과 실제 실험을 함께 진행해 학습 효과를 극대화합니다.

- 응용하기(Adapt)

기존의 아이디어나 요소를 새로운 상황에 맞게 응용합니다. 이미 인기 있는 보드게임의 규칙을 변경해 과학적 원리를 학습하는 데 사용합니다. 예를 들어 체스를 로봇 공학 수업에 맞게 변형해 각 말의 움직임을 프로그램으로 시뮬레이션합니다.

- 수정하기(Modify)

특정 요소를 확대, 축소, 재구성해 개선합니다. 보드게임의 보드 크기, 카드, 주사위의 크기를 변경해 더 많은 학생이 동시에 게임에 참여할 수 있게 한다거나 게임의 난이도를 조정해 다양한 학년의 학생들이 참여할 수 있도록 수정하는 방법이 있습니다.

- 다른 용도로 사용하기(Put to another use)

기존의 아이디어나 물건을 새로운 용도로 사용합니다. 자신이 갖고 있는 지우개나 주사위를 게임 진행 도구가 아닌 말로 사용하거나 카드를 체크리스트로 사용하는 등의 방법이 있습니다.

- 제거하기(Eliminate)

특정 요소를 제거해 간소화하거나 새로운 아이디어를 만듭니다. 보드게임에서 제거할 수 있는 부분을 고민해 봅니다. 말판이 없다면 게임을 진행하기 어려울지 고민해 보고 실제로 적용시켜 보며 게임을 새롭게 만듭니다.

- 역발상하기(Reverse)

순서를 뒤집거나 반대로 생각해 새로운 아이디어를 도출합니다. 보드게임의 승리 조건을 반대로 설정해 학생들이 새로운 전략을 생각해 내게 합니다. 또 자원을 최대한 많이 모으는 게임을 반대로 자원을 최소화하는 게임으로 변형합니다.

이러한 스캠퍼 기법의 각 단계를 익히고 나서 나만의 보드게임을 디자인해 보는 활동을 진행합니다. 우선 게임의 메커니즘이 가장 간단해 학생들이 접근하기 쉬운 뱀사다리나 부루마불 같은 말판형 보드게임을 디자인해 봅니다. 기존 게임에서 규칙을 바꾸는 방법부터 시작해 말판이나 카드 등을 직접 바꾸는 방식까지 진행합니다.

과학/발명 수업에서도 단순히 보드게임을 즐기는 데서 끝내지 않고 현실 세계의 다양한 문제를 해결하는 방법을 창의적으로 고민해 보며 학생들이 배운 과학적 지식과 발명을 연결 지어 문제해결 능력을 키울 수 있도록 보드게임을 활용하고 있습니다. 가정에서도 다양한 게임으로 아이와 상호작용하며 서로 다른 것을 연결 짓는 연습을 해보길 추천합니다.

AI/정보 영재 수업에서의 보드게임

AI/정보 분야에서 필수적인 컴퓨팅 사고력을 기르는 데도 보드게임이 활용됩니다. AI/정보 영재 분야의 수업에서는 실제 로봇을 이용한 코딩 수업(피지컬 컴퓨팅)이나 교육용 프로그래밍 언어를 이용한 코딩 수업이 주로 이뤄집니다. 하지만 AI/정보 역량을 기르기 위한 일환으로 보드게임과 같은 활동도 합니다. 코드를 꽂지 않고 프로그래밍을 배울 수 있다는 의미로 언플러그드라고 불리는 분야에 어떤 보드게임이 활용되는지 알아보겠습니다.

우선 AI/정보 영재 수업에서 채택하는 보드게임의 기준으로는 세 가지를 들 수 있습니다. 첫째, 절차적 사고를 체험할 수 있는 보드게임입니다. 절차적 사고란 문제를 해결하기 위해 문제를 작은 단위로 나누고 각각의 문제를 단계별로 처리하는 사고 과정을 의미합니다. 정보 교과 역량 중 컴퓨팅 사고력에 포함되는 기능입니다. 절차적 사고만을 기르기 위해 단순화되고 집중할 수 있는 보드게임이 영재 수업의 대상이 됩니다.

둘째, 정보 교과 역량을 길러주는 보드게임입니다. 정보 교과 역량이란 교육 과정의 큰 틀에서 제시된 핵심 역량으로 컴퓨팅 사고력, 디지털 문화 소양, 인공지능 소양을 말합니다. 주제나 소재가 정보 교과 역량과 관련 있어 수업을 전개할 수 있는 보드게임도 영재 수업에 활용됩니다.

셋째, 용어에 익숙해지도록 돕는 보드게임입니다. AI/정보 분야는 일반 교과에서 주로 다루지 않는 만큼 낯선 용어를 많이 사용합니다. 이때 게임을 통해 재미와 함께 용어를 익힐 수 있는 보드게임을 영재 수업에서 활용합니다.

이런 기준에 따라 AI/정보 영재 분야에서 활용하는 보드게임으로는 다음과 같은 게임이 있습니다.

절차적 사고를 위한 보드게임

복잡하고 세세한 규칙을 배제하고 플레이 과정에서 목표를 달성하기 위해 논리적으로 자신의 행동을 결정해야 하는 게임들입니다.

1. 티키 토플

일렬로 세워진 조각상들을 액션 카드를 이용해 이리 저리 움직이면서 자신의 비밀 목표 카드에 적힌 목표를 이루는 보드게임입니다. 액션 카드로 인해 이리저리 움 직이는 조각상들의 위치를 확인하고 한정된 액션 카드 를 이용해 자신의 목표를 달성하기 위해 어떤 카드를 내야 하는지 절차적으로 사고할 수 있습니다.

2. 사과사냥

영재 수업의 다른 영역에서도 주로 사용되는 골드 버그 장치를 보드게임으로 재해석한 게임입니다. 사 과나무에서 떨어지는 사과를 여러 장치 카드를 활용 해 자신의 비밀 주머니로 들어가게 만들어야 합니다. 사과가 중력 방향에 따라 떨어진다는 문제 상황에 대 해 자신의 비밀주머니로 들어가기까지의 단계를 분석 해 적절한 장치를 놓아야 합니다.

3. 리코셰 로봇

학생들의 공간감각 능력과 절차적 사고를 활용해 야 하는 보드게임입니다. 한 방향으로 장애물이 나올 때까지 멈추지 않는 로봇을 제시된 목표에 넣어야 하 는 퍼즐형 게임입니다. 학생들은 게임을 하면서 로봇

을 목표로 보내기 위해 어떤 주변 요소를 활용해야 하는지, 순서를 어떻게 정해야 하는지 자연스럽게 사고하게 됩니다.

4.코드 마스터

게임북으로 만들어진 맵별로 난이도가 나뉘어 있고 아바타를 움직여 크리스털을 모으는 1인용 게임입니다. 규칙에 따라 가이드 스크롤을 모두 채워야 한다는 조건까지 고려하다 보면 절차적 사고에 대해서 깊이 이해할 수 있습니다.

정보 교과 역량을 위한 보드게임

보드게임을 체험한 후 그 주제를 더 탐구해 AI/정보 분야에 대한 영재 프로그램을 시작하는 마중물과 같은 역할을 할 수 있습니다.

1. 튜링머신

검증기가 지목하고 있는 다양한 수학적 조건을 파악한 후 세 자리 비밀 숫자 코드를 찾아내는 보드게임입니다. 논리적 추론 과정을 거치면서 정보 탐색 기능도 기를 수 있고 컴퓨터의 기초인 앨런 튜링에 대해 흥미를 가질 수 있는 보드게임입니다.

AI/정보 분야 용어에 익숙해지도록 돕는 보드게임

학생들이 교육용 프로그래밍 언어를 이용한 코딩에 나오는 요소를 포함하고 있어 후속 학습에 친숙함을 줄 수 있습니다. 게임의 디자인, 게임에서 활용되는 용어 등을 미리 짚어 보고 게임을 시작하는 것이 좋습니다.

1. 엔트리봇 폭탄 대소동

폭탄 해체 대기줄에서 성공 위치로 이동하기 위해
카드에 적힌 블록 명령을 잘 계산하면서 카드를 내려
놓아야 하는 게임입니다. 절차적 사고를 기르는 데에
도 좋은 게임이지만 교육용 프로그래밍 언어인 엔트
리에서 사용하는 블록을 따온 디자인이므로 수업에
더욱 활용되고 있는 게임입니다.

2. 엔트리봇 부품 찾기 대작전

게임판에서 자신의 엔트리봇에게 명령을 내려 목
표 부품을 찾기 위해 이동해야 보드게임입니다. 게
임의 목표가 되는 부품들이 실제로 로봇에 활용되
는 부품들의 이름과 같습니다. 수업에 들어가기 전
에 부품들의 이름에 친숙해질 수 있고 교육용 프로
그래밍 언어에서 활용되는 회전, 반복의 개념을 게임 구성 요소로 간접 경험
할 수 있습니다.

아이가 코딩에 흥미를 갖고 있다면 가정에서는 혼자서 플레이할 수 있는 리코셰 로봇이나 코드 마스터로 절차적 사고를 키우는 것이 좋습니다. 아이가 교육용 프로그래밍 언어에 익숙하다면 엔트리봇 폭탄 대소동의 카드를 함께 보면서 컴퓨터에서 쓰던 블록과 게임에 제시된 블록 사이에 어떤 차이가 있는지 살펴보면서 게임을 하는 것도 좋습니다. 만약 집에 로봇과 센서가 있다면 엔트리봇 부품 찾기 대작전에 나오는 부품들을 살펴보며 집에 있는 것과 비교해 보세요.

AI/정보 분야는 새로운 교육 과정에서도 중요하게 다뤄지는 영역이자 영재 분야에서도 많은 관심을 받고 있는 분야입니다. 영재 학생이 길러야 할 역량도 기를 수 있고, AI/정보 분야에 대한 흥미도 키울 수 있는 보드게임과 함께 AI/정보 영재의 길을 내디뎌 보는 것은 어떨까요?

시대가 변해도
변하지 않는 것

1997년 IBM의 인공지능 프로그램 딥 블루가 체스 세계 챔피언 가리 카스파로프를 이겼을 때부터 인공지능은 본격적으로 세상의 주목을 받기 시작했습니다. 2016년에는 체스보다 경우의 수가 훨씬 많아 그동안 인공지능이 정복하지 못했던 게임인 바둑에까지 도전장을 내밀었습니다. 많은 분이 알고 있는 이세돌과 알파고의 세기의 대결입니다. 당시 국내에선 인공지능이 제아무리 발전했어도 아직까지는 인간이 이기지 않겠냐는 여론이 우세했습니다. 대결의 당사자인 이세돌 사범도 승리를 자신했습니다. 알다시피 결과는 알파고의 4대1 승리였습니다. 그 후 2022년 챗GPT(ChatGPT)가 등장하며 생성형 AI 시대의 시작을 알렸습니다. 이렇듯 기술의 발달과 함께 세상은 시간이 흐를수록 가속이 붙는 것처럼 점점 더 빠르게 변해 갑니다.

딥블루, 알파고를 지나
ChatGPT의 시대를 맞이하는 교사로서의 고민

기술의 빠른 변화 속도에 맞춰 학교도 빠르게 변해 가고 있습니다. 학교 무선 통신망이 구축됐고 스마트 기기가 지속적으로 보급되고 있습니다. 2025년부터는 AI 디지털 교과서가 도입될 예정입니다. 많은 선생님이 변화에 맞춰 연구하며 다양한 방법으로 스마트 기기 활용 수업을 실행하고 있습니다. 디지털 시대에 익숙해진 아이들도 이러한 수업 방법에 잘 적응합니다.

하루하루 새로운 기술들이 등장하고 그 기술에 따라 사람들의 생활이, 문화가 점점 변해 갑니다. 이런 변화 속에서 아이들에게 무엇을 가르칠 것인지 교사로서 고민이 많습니다. 그러다 문득 이런 생각이 들었습니다. 내가 오늘 가르치는 지식이 내일이면, 나아가 1년 후, 더 나아가 아이들이 어른이 될 때면 새로운 지식으로 바뀌어 있지 않을까 하고요.

앞으로 우리는 변하지 않는 것을 가르쳐야 하지 않겠냐는 결론을 내려 봅니다. 기초적인 학습 내용과 함께 자신의 생각을 다른 사람에게 표현하는 연습, 다른 사람의 생각을 들어주는 연습, 서로 도와주는 경험, 자신의 성공을 넘어서는 공동체의 성공 경험, 다른 사람을 배려해야 하는 이유와 방법, 포기하지 않고 노력하는 행위의 위대함 같은 것들을 가르쳐야 한다고 말이죠. 우리는 보드게임이 그러한 것들을 아이들에게 가장 잘 알려 주는 방법이 될 수 있다고 생각했습니다.

재미의 조화로 완성된 보드게임으로,

아이들의 잠들어 있는 개성과 재능을 키워 보세요

하지만 다양한 성향의 아이들이 모여 있는 교실에서 보드게임을 한다는 것은 생각보다 쉽지 않았습니다. 승부욕이 강한 아이들은 친구들과 갈등을 겪기도 하고, 의욕이 없거나 쉽게 포기하는 아이들도 있었습니다. 실력에 따라 결과가 나오는 것을 선호하는 아이, 운적인 요소를 더 좋아하는 아이 등 아이마다 보드게임을 대하는 자세가 너무 달랐습니다. 이러한 아이들의 다양한 성향을 고려하는 것이 매우 중요하다는 것을 느꼈고, 교사로서 단순히 게임으로만 그치지 않도록 교육적 고민도 함께하게 되었습니다.

그래서 우리 놀이샘은 보드게임의 수업 활용을 위해 함께 연구를 시작했고, 시행착오를 겪으며 보드게임을 효과적으로 수업에 활용하기 위해 지금도 계속 연구하는 중입니다. 보드게임을 활용한 수업을 진행하고, 보드게임 동아리를 운영하기도 합니다. 직접 보드게임을 만들거나 대회를 개최하고, 전국대회에 출전할 수 있도록 지원하는 등 아이들에게 의미 있는 경험을 주기 위해 노력하고 있습니다. 그 결과, 수업 자료와 교육용 보드게임을 제작하고 있으며 많은 선생님들과 공유하고 있습니다.

이제는 선생님뿐만 아니라 부모님과 이러한 경험을 나누고 싶어 책을 쓰게 되었습니다. 선생님과 부모님 모두 우리 아이들의 행복이라는 공통의 목표가 있습니다. 이 책을 통해 부모님이 우리 아이의 성향을 이해하고 재미있으면서도 유익한 보드게임을 찾아 함께 행복한 시간을 보내면 좋겠습니다.

부록1 교육 과정 관련 내용 및 주요 수상

책에 소개된 보드게임들이 초등학교 교과와 어떻게 연계되는지 정리해 봤습니다. 교육 과정의 개정에 따라 관련 학년은 달라질 수 있습니다. 보드게임이 받은 수상 내용과 관련해서는 170~174쪽을 참고하시기 바랍니다.

재미보장

미취학	과목	학년	관련내용(단원)	주요 수상
루핑루이	체육		순발력, 협응력 기르기	1994 SDJ 어린이 게임 특별상 2006 독일 최고의 어린이(5~9세) 게임상
개구리 사탕먹기	체육	1학년	순발력 기르기	
	수학		9까지의 수, 50까지의 수	
텀블링몽키	체육		협응력 기르기	
도블	체육		순발력 기르기	2013 이탈리아 어린이 게임상
흔들흔들 해적선	체육		균형감각, 협응력 기르기	2018 봄 미국 부모의 선택 재미있는 컨텐츠상
서펜티나	수학	1학년	비교하기	
		2학년	길이재기	
	미술		미적감각, 색상혼합	
상어 아일랜드	수학	1학년	6까지의 수	2018 가을 미국 부모의 선택 재미있는 컨텐츠상

1~2학년	과목	학년	관련내용(단원)	주요 수상
할리갈리	수학	1학년	9까지의 수, 덧셈과 뺄셈	
	체육		순발력 기르기	
프렌즈 캐치캐치	체육		순발력 기르기	
숲속의 음악대	체육		순발력 기르기, 표현활동	
스틱스택	체육		균형감각, 협응력 기르기	2016 가을 미국 부모의 선택 은상

			기억력	1998 DSP 최고의 어린이 게임상 1998 SDJ 어린이 게임특별상
치킨차차				
우노	수학	1~2학년	규칙 찾기	
쿠키박스	수학	1~2학년	규칙 찾기	

3~4학년	과목	학년	관련내용(단원)	주요 수상
텀블링 다이스	수학	2학년	덧셈과 뺄셈, 곱셈, 곱셈구구	
달밤의 베개싸움	체육		순발력, 협응력 기르기	
타코 캣 고트 치즈 피자	체육		순발력, 협응력 기르기	
할리갈리 컵스	체육		순발력, 협응력 기르기	2014 일본 보드게임상 수상
너도? 나도! 파티	국어	4학년	생각과 느낌을 나누어요	
		5학년	대화와 공감, 마음을 나누며 대화해요	
블리츠			단어연상, 순발력 기르기	2010 멘사 셀렉트 2014 덴마크 최고의 파티 게임상
독수리 눈치싸움	수학	1학년	50까지의 수	
		5학년	평균과 가능성	

5~6학년	과목	학년	관련내용(단원)	주요 수상
스플렌더	수학	5학년	평균과 가능성	2014 골든 긱 올해의 보드게임상 2014 영국 게임 엑스포 최고의 신작 보드게임상
	사회	4학년	경제활동과 현명한 선택	
		6학년	가계의 합리적 선택	
	실과	5학년	합리적 용돈 관리	
달무티	사회	5학년	역사	1995 멘사 셀렉트
러브레터	국어	6학년	내용을 추론해요	2012 일본 보드게임상 투표자 선정상 2013 골든 긱 최고의 카드게임상 외 3관왕
루미큐브	수학	4학년	규칙찾기	1980 SDJ 올해의 게임상 1993 폴란드 올해의 게임상

5분 마블	국어	5학년	토의해 해결해요	
	체육		순발력 기르기	
티켓 투 라이드	사회	6학년	세계의 여러 나라들	2004 SDJ 올해의 게임상 2004 일본 보드게임상 최고의 게임상
다빈치코드 플러스	수학	4학년	규칙찾기	
		5학년	평균과 가능성	

공부머리

미취학	과목	학년	관련내용(단원)	주요 수상
라온 시리즈	국어	1학년	한글놀이, 글자를 만들어요	
아이 씨 10!	수학	1학년	덧셈과 뺄셈	
셈셈 수놀이	수학	1학년	9까지의 수, 덧셈과 뺄셈	
징고	국어, 영어		한글, 영어 단어 익히기	
	체육		순발력, 협응력 기르기	
세트 주니어	수학	1~2학년	규칙찾기	1991 멘사 셀렉트
더 로봇			속도와 시간 감각 발달	
우봉고 미니	수학	2학년	여러 가지 도형	
		4학년	평면도형의 이동	

1~2학년	과목	학년	관련내용(단원)	주요 수상
쉐입스 업	수학	2학년	여러 가지 도형	2001 멘사 셀렉트
		3학년	평면도형	
		4학년	평면도형의 이동	
맞수	수학	1학년	덧셈과 뺄셈	
셈셈 피자가게	수학	2학년	덧셈과 뺄셈	

마헤	수학	1학년	덧셈과 뺄셈	
		2학년	곱셈, 곱셈구구	
		5학년	자연수의 혼합계산	
슬리핑 퀸즈	수학	1학년	덧셈과 뺄셈	
스택버거	실과	6학년	(코딩) 절차적 사고	
고피쉬	전 교과	전학년	한글, 속담, 영어, 역사, 한자 ……	

3~4학년	과목	학년	관련내용(단원)	주요 수상
우봉고	수학	4학년	평면도형의 이동, 다각형	2003, 2009 스웨덴 최고의 가족 게임상 2005 독일 최고의 어린이 (8~13세) 게임상
블로커스	수학	4학년	평면도형의 이동	2002 최고의 일본 게임상 수상 2003 멘사 셀렉트
젝스닛트	수학	1학년	100까지의 수	1994 DSP 최고의 가족 게임상 1996 멘사 셀렉트
		2학년	세 자리 수	
		5학년	약수와 배수, 평균과 가능성	
잉글리시 트레인	영어	3~4학년	교과서 영단어 익히기	
더블 매칭	국어	4학년	생각과 느낌을 나누어요	
	국어	5학년	대화와 공감, 마음을 나누며 대화해요	
타임즈 업! 패밀리	국어	4학년	느낌을 살려 말해요	2000 멘사 셀렉트 2000 호주 게임 협회 올해의 게임
		5학년	연극단원	
		6학년	비유하는 표현, 연극단원	
미니빌 디럭스	수학	5학년	평균과 가능성	
	사회	4학년	경제활동과 현명한 선택	
		6학년	가계의 합리적 선택	
	실과	5학년	합리적 용돈 관리	

5~6학년	과목	학년	관련내용(단원)	주요 수상
파라오코드	수학	5학년	자연수의 혼합계산	
프로젝트 L	수학	4학년	평면도형의 이동, 다각형	
		5학년	합동과 대칭	
	실과	6학년	순차, 선택, 반복 구조	
카탄	수학	5학년	평균과 가능성	1995 SDJ 올해의 게임상 1995 DSP 최고의 가족 게임상
	국어	5학년	의견을 조정하며 토의해요	
	사회	4학년	경제활동과 현명한 선택	
		6학년	가계의 합리적 선택	
	실과	5학년	합리적 용돈 관리	
약수배수 트레인	수학	5학년	약수와 배수	
스크래블	영어		익힌 단어 활용하기	
모던아트	미술		명화감상	1993 DSP 최고의 가족 게임상
	사회	4~6학년	희소성 (경매)	
타임라인 한국사	사회	5학년	역사	
		6학년	우리나라의 정치 발전, 경제 발전	

전 세계적으로 매년 수천 개의 보드게임이 발매되고 있습니다. 보드게임을 선정하는 데에 상당한 고민의 시간이 있었습니다. 그 과정에서 많은 사랑을 받고 있으나 아쉽게 소개하지 못한 게임들이 있어 아차상과 최근 신작(2022~2024 상반기)을 간략하게나마 소개하려 합니다.

아차상

보드게임		연령	인원	시간	장르(테마)
	슈퍼라이노	5세 이상	2~5	15분	파티 (젠가)
	5초 준다	8세 이상	3명 이상	15분	카드, 파티
	드렉사우	8세 이상	2~4	10분	카드 (돼지)
	한밤의 늑대인간	8세 이상	3~10	10분	파티 (마피아)
	포인트 샐러드	8세 이상	2~6	15분	카드 (야채)
	클라스크	8세 이상	2	15분	파티 (자석)
	실리카우	8세 이상	3~6	25분	카드 (소)

	카멜업	8세 이상	3~8	30분	주사위 (낙타)
	라스베가스	8세 이상	2~5	30분	파티, 주사위
	스컬킹	8세 이상	2~8	30~45분	카드 (해적)
	푸시피시	8세 이상	2~6	40분	파티 (낚시)
	7원더스	10세 이상	3~7	30분	카드 (문명)
	캘리코	10세 이상	1~4	30~45분	퍼즐 (고양이)
	익스플로딩 키튼	14세 이상	2~5	15분	카드 (고양이)
	스파이폴	14세 이상	3~8	15분	파티 (마피아)
	노 터치 크라켄	14세 이상	4~8	20분	파티 (마피아)
	윙스팬	14세 이상	1~5	60분	카드 (새)

최근 신작

2022	연령	인원	시간	장르(테마)
코라퀘스트	8세 이상	1~4	45분	협동 (모험)
캐스캐디아	10세 이상	1~4	60분	퍼즐 (동물)
마운틴 고트	14세 이상	2~4	20분	주사위 (염소)
머핀타임	14세 이상	2~8	30분	카드, 파티
2023	**연령**	**인원**	**시간**	**장르(테마)**
방방 날아라 돼지	6세 이상	2~3	10~20분	파티 (돼지)
햄버거 타이쿤	6세 이상	2	15분	파티 (음식)
나나	8세 이상	2~5	30분	카드 (동물)
커피러시	8세 이상	2~4	30분	카드 (커피)
다윈의 위대한 발자취	8세 이상	2~5	30분	파티 (동물)
스플렌더 대결	10세 이상	2	30분	카드 (보석)

	레디 셋 벳	14세 이상	2~9	60분	파티 (경마)
2024 (상반기)		**연령**	**인원**	**시간**	**장르(테마)**
	메롱메롱 캔디독	4세 이상	2~4	15분	파티 (강아지)
	버거가 버거워	6세 이상	2~6	15분	파티 (음식)
	야채주식	6세 이상	2~6	15분	카드 (야채)
	간장공장 공장장	8세 이상	2~6	15분	카드, 파티
	푸시푸시	8세 이상	2~6	30분	카드, 파티
	나빗길	8세 이상	2~4	30분	퍼즐 (나비)
	하모니즈	10세 이상	1~4	30분	퍼즐 (동물)
	전지적 추리시점	12세 이상	2~6	90분	협동 (추리)
	클러스터	14세 이상	1~4	10분	파티 (자석)

4세~13세 보드게임 베스트 56

초판 1쇄 발행 2024년 11월 21일

지은이 놀이샘 8인
펴낸이 정덕식, 김재현

책임편집 김승규
디자인 Design IF
경영지원 임효순

펴낸곳 (주)센시오
출판등록 2009년 10월 14일 제300-2009-126호
주소 서울특별시 마포구 성암로 189, 1707-1호
전화 02-734-0981
팩스 02-333-0081
메일 sensio@sensiobook.com
ISBN 979-11-6657-173-2(13590)

소중한 원고를 기다립니다. sensio@sensiobook.com